麥可・波倫

欲望植物園

MICHAEL POLLAN

THE BOTANY OF DESIRE

A Plant's-Eye View of the World

周沛郁、潘勛 譯

目錄

前言　人形熊蜂

本書的種子最初種在我的園子裡——其實就在我播下種子之時。播種是愉快、隨意、不算超困難的事；播種的時候，有很多餘裕思索其他事。就在那個五月的午後，我碰巧在一棵開花的蘋果樹旁，播下一排排種子。那棵樹似乎隨著蜂群飛舞而輕顫。我發現自己想著：人類在這座園子（或任何花園）扮演的角色，和熊蜂的根本差異是什麼？

這樣比較，聽起來很可笑嗎？想想我那天下午在園子裡做什麼吧，我在散播某個特定物種的基因，而不是其他物種的。那天我散播的是手指馬鈴薯，而不是韭蔥之類的東西。像我這樣的園丁，通常覺得挑選作物是我們至高無上的特權，我告訴自己，在這片園子的空間裡，唯獨我有權決定哪些物種能生長茁壯，哪些會消失。換句話說，這裡是我作主，而我背後還有其他更能作主的人類——過去到現在世世代代的園丁和植物學家、植物培育者，這年頭還有基因工程師，他們「選擇」、「育成」或「培植」我決定種的這種馬鈴薯。甚至我們語言的結構也把這種關係的規則講得很清楚——我選擇植物，我拔下雜草，我收穫作物。我們把世界區分成主體和客體，而在園子裡，就像一般在自然中，我們人類是主體。

不過園子裡那個午後，我發覺自己在納悶：如果那語言結構大錯特錯怎麼辦？如果那其實不過是自利的自負呢？一隻熊蜂很可能也把自己視為園子裡的主體，而牠打劫滴滴花蜜的花是客體。但我們知道那只是牠的想像出了問題。事實上，花很精明地操控熊蜂，讓熊蜂在花之間搬運花粉。

蜂與花的古老關係，是所謂「共演化」的經典範例。像蜂與蘋果樹這樣的共演化交易中，雙方對彼此的作用，都是為了增進個別的利益，卻也讓對方得到好處——蜂得到食物，蘋果的基因得以傳播。雙方都不用有意識地為之；傳統的主、客體區分毫無意義。

而我意識到，我和我在種的小馬鈴薯之間的狀況，其實差不多；我們也是共演化關係中的夥伴。自從一萬多年前農業誕生以來，我們確實就是如此。蘋果花的外形和氣味，是無數代蜂類選擇的結果。而馬鈴薯就像蘋果花，大小和味道也被無數世代的我們選擇——包括印加人、愛爾蘭人，甚至像我這樣在麥當勞點炸薯條的人。蜂與人都有選擇的標準：對蜂而言，是對稱和甜；對於吃馬鈴薯的人而言，是重量和營養價值。人或蜂有誰演化成能夠時不時地意識到自己的欲望，對於參與這協議的花或馬鈴薯並無差別。這些植物，只在乎所有生物在最基本基因層級在乎的事——製造出更多的自己。這些植物透過試錯，發現最好的辦法是引誘動物散播它們的基因（引誘的動物是蜂是人，幾乎沒差）。要怎麼進行？——利用動物的欲望、意識等等。最有效率達成這目標的花和馬鈴薯，才能多產、繁衍。

所以那天我腦中浮現的問題是：是我決定種下這些馬鈴薯，還是馬鈴薯讓我種下它？其實這兩種說法都沒錯。我清楚記得馬鈴薯在種子型錄的頁面中賣弄疙疙瘩瘩的魅力、誘惑我的那一刻。我想那是聽起來很美味的「細緻如奶油的黃色薯肉」迷住了我。這是微不足道、半知半覺的事件，我從沒想過我們在型錄相遇會有什麼演化上的後果。然而演化是由無數微不足道、無意識的事件構成，對馬鈴薯演化而言，正是我在某個一月晚上看某一本種子型錄那樣的事件。

那個五月下午，我眼中的園子突然不同了，園子給眼睛與鼻子、舌頭的各種享受，不再那麼無辜而被動。我總是視為欲望客體的這所有植物，其實也是主體，會影響我，讓我替它們做自己做不了的事。

當時我靈機一動：如果我們以這種方式看待園子外的世界，以同樣的顛倒觀點，來看我們在自然中的角色，那會如何呢？

本書正想藉著講述四種常見植物（蘋果、鬱金香、大麻和馬鈴薯），以及把這些植物的命運與我們的命運連結的人類欲望，達到這個目標。更廣的主題是人與自然界複雜的互惠關係，我從有點不傳統的角度處理——我認真採用植物的視角。

◆　◆　◆　◆　◆

這本書訴說的四種植物，是我們所謂的「馴化種」，這詞彙頗為片面（又是那種語法），給人留下我們掌控一切的錯誤印象。我們理所當然覺得，馴化是我們對其他物種做的事，不過把馴化想成某些植物、動物對我們做的事，也很合理，畢竟這是提升自身利益的聰明演化策略。那些物種過去一萬年左右都在努力找出如何才能提供最好的餵養、治療、衣物、迷醉，或其他討好我們的方法，自己也成了自然最傑出的一些成功故事。

妙的是，我們通常不把牛、馬鈴薯、鬱金香和狗這些物種，視為自然中比較非凡的生物。馴化種不像它們的野生親戚那樣，令我們尊敬。演化可能帶來相互依賴，不過我們人類身為有思考能力的存在，依舊重視自立自強。狼多少比狗更令我們欽佩。

不過美國今日有五千萬隻狗，卻只有一萬隻狼。所以，關於在這世界活下去的方法，狗比牠們的野生祖先多知道了什麼？狗知道的一大重點（也就是牠們在我們身邊一萬年裡精通的主題），是我們——我們的需求與欲望，我們的情感與價值觀，這一切都納入牠們的基因中，成為複雜生存策略的一部分。如果可以像看書一樣，瀏覽狗的基因組，就能更了解我們是誰、我們受什麼驅動。我們通常更看重動物，不那麼肯定植物，不過在蘋果、鬱金香、大麻和馬鈴薯的基因之書，也能讀到許多。在它們的書頁中，在它們為了把人變成蜂而發展出的絕妙指令集中，可以讀到大量與我們有關的事。

一萬年的共演化之後，它們的基因成了文化與自然資訊的豐富資料庫。那邊那株鬱金香是象牙白色，花瓣像軍刀般收尖，它的DNA中含有詳細的指令，告訴它怎樣最能吸引目光——不是蜂的目光，而是奧圖曼土耳其人的目光；那DNA能告訴我們那年代對美的想法。同樣的，每一顆褐皮馬鈴薯中都有工業食物鏈相關的論述，以及我們長久以來對金黃長薯條的喜愛。那是因為我們過去幾千年都藉著人擇重塑這些物種，把一小塊有毒的根節變為一塊營養豐富的肥大馬鈴薯，也把矮小不討喜的野花變成令人陶醉的高大鬱金香。不過，有件事遠比較不顯而易見（至少我們眼裡是這樣），卻同時持續發生：這些植物也忙著改造我們。

◆ ◆ ◆ ◆ ◆

我把這本書取名為《欲望植物園》，是因為這本書既是在寫人類欲望連結了我們與這些植物，也在寫植物本身。我的前提是，這些人類欲望就像蜂鳥對紅色的熱愛，或螞蟻對蚜蟲蜜露的喜好一樣，形成了自然史的一部分。在我眼中，人類的欲望等同於花蜜。所以這本書既探索這些植物的社會史，將那些歷史編入我們的故事中，同時又是這些植物演化來勾動、滿足的四種人類欲望的自然史。

我有興趣的，不只是馬鈴薯如何改變歐洲的歷史軌跡，或大麻如何引燃西方的浪漫革命，也是男男女女腦中的念頭如何改變這些植物的外觀、滋味和心智作用。人類的想法透過共演化的過程，進入自然的現實中——例如鬱金香花瓣的輪廓，或紅龍蘋果細緻的酸味。

我在本書探討的四種欲望，分別是廣義的甜（蘋果的故事）、美（鬱金香的故事）、迷醉（大麻的故事）和控制（馬鈴薯的故事）——尤其是我種在園子裡一棵基因改造馬鈴薯的故事；我想看看馴化的古老藝術現在將何去何從。這四種植物可以教我們一些關乎這四種欲望的重要事情，也就是我們受什麼驅動。比方說，我覺得如果不先了解花，就無法理解美的誘人魅力，因為正是很久很久以前，花的吸引力成了一種演化策略的那一刻，花讓這世上開始有美的概念。同樣的，若不是一些植物設法製造出的化學物質分子，其結構能如鑰匙般精準打開我們腦中主宰愉悅、記憶甚至超脫的機制，那我們可能永遠無法培養出迷醉這種人類欲望。

馴化遠遠不只是肥大的塊根和溫馴的綿羊；植物與人的古老結合，產生的後代遠比我們意識到的更古怪而神奇。整部自然史充斥著人類想像、美、宗教，可能還有哲學。我在本書的一個目標，是讓人更了解這些常見植物在歷史中扮演的角色。

植物和人類截然不同，我們很難完全理解它們有多麼複雜、精巧。不過植物演化的時間遠比我們長多了，長久以來一直發明新策略來生存並改良它們的設計，以至於說人或植物哪個比較「高等」，其實取決於怎麼定義這個詞，取決於什麼會「提高」你的價值。我們生來就重視意識、製造工具和語言等能力，只因為這些能力是我們演化旅程至今的終點。植物也走了同樣漫長的旅程，甚至更遠——只是往不同的方向而去。

植物是自然的鍊金術士，擅長把水、土壤、陽光轉化為各式各樣的寶貴物質，其中許多超乎人類想像，更不用說製造了。我們正在掌握意識和學著以二足行走的時候，它們靠著相同的天擇過程，發明了光合作用（這是把陽光變成食物的驚人招數），改良了有機化學。結果，植物在化學與物理的許多發現都大大滿足了我們的需求。植物帶來的化學物質，滋養、治療、毒害、愉悅了感官，有些則能提神、安眠、迷醉，少數有改變意識的驚人力量——甚至在清醒的人類腦中種下夢境。

幹麼這麼麻煩呢？植物何必特地開發那麼多複雜分子的製法，耗費能量製作那些分子？防禦是一大原因。諸如致命的毒物、噁心的味道、能迷惑掠食者心智混亂的毒素……植物產生的許多化學物質都是設計（藉由天擇）來驅逐其他生物，避免受到侵擾。不過植物產生的許多其他物質，效用卻恰恰相反，能勾動、滿足其他生物的欲望，把牠們吸引過來。

同樣重要的事實解釋了植物為何製作化學物質，驅趕、吸引其他物種——植物不能動。植物不能做的一大要事是移動，更確切地說，是移位。植物無法逃離以它們為食的生物，也無法在沒有幫助的情況下改變位置，或擴展地盤。

於是，大約一億年前，植物偶然踏上了一條路（其實是幾千條不同的路），讓動物帶著它們和它們的基因到處來去。這是隨著被子植物出現而產生的演化分水嶺。一個特殊的植物新類別，會開出顯眼的花，形成大粒種子，誘使其他物種去散播。植物開始演化出刺果，像魔鬼氈一樣黏在動物毛皮上；或演化出花，引誘蜜蜂，在牠們腿上撲花粉；或演化出橡實，讓松鼠自願載去另一座森林，埋起來，然後剛好有那麼些忘了吃。

就連演化這事也會演化。大約一萬年前，世界見識了植物多樣性第二次開花結果──如今我們稱之為「發明農業」（有點自我中心就是了）。一批被子植物改良了它們「讓動物做事」的基本策略，利用特定一種動物──那種動物不只演化出在全球各地自由移動的能力，而且能思考、交流複雜的思想。這些植物想到了十分聰明的策略：讓我們為它們遷移、為它們籌謀。這下子，出現了可以吃的草（例如小麥和玉米），煽動人類砍掉遼闊的森林，為它們騰出更多空間；也出現了花朵，花之美能迷住一整個文化，更出現了一些植物，因太迷人、太有用又太美味，讓人類開始為它們播種、運輸、讚揚，甚至寫一本關於它們的書。《欲望植物園》正是那樣的一本書。

所以，我是說植物逼我寫書嗎？沒錯，不過只是花「逼」蜂類造訪的那種逼。演化不依賴意志或意圖而作用，從定義上而言，演化幾乎就是無意識、無意的過程。演化所需要的，只是一些生物（像所有植物和動物那樣）受本能驅使，透過試錯找出各種方式來繁殖出更多個體。有時候，某些適應性性狀實在太巧妙，而顯得有目的，像是螞蟻「培育」自己的食用蕈菇園，或豬籠草「騙過」蠅類，讓蠅類覺得它們是一塊腐肉。但只有事後看來，那樣的性狀才顯得巧妙。設計的本質恰恰是一連串的偶然，經過天擇淘汰，直到結果夠美或夠有效，彷彿刻意的奇蹟。

同樣的，我們很容易高估自己對自然的影響。人們常認為自己是為了自身合理目的而從事某些活動（例如發明農業，把某些植物列為違法，寫書讚頌另一些植物），但對自然而言，這些活動不過是偶然的插曲。我們的欲望不過是為演化提供更多素材，和天氣變化沒什麼不同——某些物種的苦難，是其他物種的機會。我們的語言結構或許教了我們把世界分成主動的主體和被動的客體，不過共演化關係中，所有主體同時也是客體，所有客體也都是主體。所以若把農業視為草為了勝過樹木而對人類做的事，也同樣說得通。

◆　◆　◆　◆　◆

查爾斯．達爾文寫作《物種源始》，決定怎樣最能把他驚世駭俗的天擇觀念散播到全世界時，選用了一種出人意表的修辭。達爾文的書沒有開門見山談起他的新理論，而是以他判斷人們（可能尤其是英國園丁）比較容易理解的副主題開始。達爾文把《物種源始》的第一章獻給了天擇的一個特例——「人擇（人為選擇）」，他是如此稱呼馴化種出現的過程。達爾文用「人為」這詞，不表示那是假的，而是人工之意——反映了人類的意志。雜交種的玫瑰或鱷梨、可卡小獵犬或展示鴿，沒什麼虛假可言。

這些是達爾文在他頭一章寫到的幾種馴化種，展現出每一例中，那個物種表現出豐富的變化，而人類從中選擇哪些性狀要傳給未來世代。達爾文解釋道，在馴化的特殊領域中，人類欲望（有時有意，有時無意）和盲目的自然在所有地方扮演的角色是相同的，決定了「適應性」的條件有哪些，久而久之，促成一種新的生命形態。演化的法則也一樣（「經由遺傳進行修改」），但達爾文明白，人們是待在花園中，而不是加拉巴戈群島，也比較容易聽進茶香玫瑰的故事，而不是海龜的故事。

達爾文出版《物種源始》以來，區分人擇和天擇的明確界線模糊了。從前是人類把自己的意志運用在人擇這個相對較小的舞台上（我象徵性地把這舞台想成園子），而其他一切由自然主宰。今日，處處都能察覺我們存在的影響。過去一世紀中，愈來愈難分別園子與純粹大自然的分界。我們以超乎達爾文預料的方式，塑造著演化的氣候。其實，就連天氣本身現在也有點人為的意涵，氣溫和風暴反映了我們的作為。如今的世界中，人類已經成為最強的演化驅力，對許多物種來說，「適應」代表在這世界生存下去的能力。人擇進入了曾經完全由天擇主宰的空間，因此在自然史中成為遠比較重要的一章。

我們常稱為「野地」的空間從來不像我們想像的那樣不受人類影響，早在約翰・查普曼（即強尼蘋果籽）出現，開始種蘋果樹之前，莫霍克族（Mohawks）和德瓦拉（Delawares）就在俄亥俄州荒野留下他們的痕跡了。然而，在全球暖化、臭氧層破洞、科技讓我們在基因層次改造生命的時代，就連那種野地的夢想，都難以維繫。既是本然，也是刻意為之，現在整個自然都陷入被馴化的過程，漸漸進入（或發現自己正處於）文明的屋簷下，只是這屋簷不大牢靠。其實，現在就連野地的存亡，也取決於文明。

從現在起，自然的成功故事很可能與蘋果的故事的相似程度大得多，而不是貓熊或雪豹的故事。如果貓熊和雪豹有未來，將是人類欲望造成的結果；說也奇怪，貓熊和雪豹現在的存亡，取決於某種形式的人擇。而我們（與地球其他物種）現在必須在這世界裡，探索未知的方向。

這本書的背景正是那樣人擇與天擇界線模糊的世界；可以想成達爾文的人擇園子不斷擴大，而本書是來自人擇園子的報導。其中的主角是那世界的四個成功故事。這些馴化種是貓、狗和馬的植物版，大家都很熟悉，如此深植在日常生活的結構中，以至於我們很少把它們想成「物種」，甚至根本忘了它們是「自然」的一分子。但為何會這樣？我懷疑那多少是用字的問題。「馴化」暗示這些物種進入或被帶到文明的屋簷下，這話也沒錯，不過這種房屋的比喻讓我們覺得，那麼一來，它們就像我們一樣離開了自然，彷彿自然是屋外才會發生的事。

但這只是想像又一次失誤——自然不只見於「外面那裡」，也在「裡面這裡」，在蘋果和馬鈴薯中，在園子與廚房裡，甚至在看到鬱金香之美或吸入燃燒的大麻花煙霧的人腦中。我敢說，當我們在那些地方也能像在野地裡一樣輕易找到自然，我們就有了長足的進展，更了解自己在這複雜而充滿曖昧性的世界中，處於何等位置。

我之所以選擇蘋果、鬱金香、大麻和馬鈴薯，有幾個看起來很合理的理由。其一，這些植物代表馴化植物的四大重要類別——水果、花卉、藥用植物和主食。此外，我過去曾經在自己的園子裡種過這四種植物，對這些植物十分熟稔。不過我選這些而沒選其他植物的真正原因，其實很單純——這些植物的故事很精采。

接下來每一章都採取旅程的形式，可能從我的園子出發、經過我的園子或以我的園子為終點，不過路上冒險前往遠方，包括遙遠的空間和久遠的歷史時間，從十七世紀的阿姆斯特丹，在那裡的一段反常短暫時期中，鬱金香變得比黃金還要珍貴；到美國聖路易市的企業園區，那裡的遺傳工程師改造了馬鈴薯；又回到阿姆斯特丹，在那裡歷史重演，另一種美麗程度遠遠不及鬱金香的花朵再度變得比黃金更珍貴。我也去了愛達荷州的馬鈴薯農場，追隨我對醉人植物的熱情，回溯歷史到當代的神經科學。我還划著獨木舟沿俄亥俄州中部的一條河而下，尋找真正的強尼蘋果籽。這四種植物複雜無比，我希望呈現我們與這些植物的關係，因此輪流透過各式各樣的濾鏡來檢視，包括社會和自然史、科學、新聞學、生物學、神話、哲學和回憶錄。

所以這些是人與自然的故事。長久以來我們一直在講述這樣的故事，以便理解我們所謂「人對自然的關係」——這說法奇妙而發人省思（試問，除了人類，我們還會形容什麼物種「和自然之間有某種關係」呢？）。有很長一段時間，這些故事中的人透過敬畏、神祕或羞恥的鴻溝來看自然。這些敘事的基調隨著時間而改變，鴻溝卻留存下來。古老的英雄故事中，人和自然交戰；故事也有浪漫版，人的精神和自然融合（通常借助可悲的謬論）；比較近期的環境道德劇中，人冒犯了自然而遭遇災難報應——有至少三種不同的敘事，不過都隱含一個共通的前提，我們雖然知道是假前提卻無法撼動，那就是：不知怎地，我們總自外於自然，或遠離自然。

這本書敘述人與自然的另一種故事，而那故事的目的，是讓我們回歸地球生命的廣大互惠之網中。我希望，等你合上這本書時，外面（和裡面）的情況會有點不同，因此你看到馬路對面有一棵蘋果樹，或桌子另一頭有一株鬱金香的時候，就不會覺得那麼陌生，那麼他者。相反的，把這些植物視為我們互惠關係中的自願夥伴，代表以不同眼光看待我們自己，亦即把自己視為其他物種意圖與欲望的客體，就像達爾文園子中比較新來的蜂——很靈巧，有時魯莽，而且極有自覺。就把這本書想成蜂的鏡子吧。

第一章

欲望：甜
植物：蘋果

MALUS DOMESTICA

如果你偶然在一八〇六年春天某個下午，走在俄亥俄河岸（就在西維吉尼亞的惠靈〔Wheeling〕北邊），你很可能注意到一艘克難的古怪木筏懶洋洋地順河漂下。當時，俄亥俄河的這個河段開闊，水流渾濁，陡峭高聳的坡地夾岸，密生著櫟樹和山核桃，河上交通繁忙，平底貨船和駁船組成東拼西湊的無畏艦隊，運送拓荒者從相對文明的賓州來到西北地區（Northwest Territory）的荒野。

那天下午你瞥見的怪異船隻，是用兩根挖空的原木捆在一起形成的粗糙雙體船，像某種獨木舟加上邊船。其中一艘獨木舟裡斜倚著一名年約三十的削瘦男子，身上可能穿著粗麻布咖啡袋，戴個錫鍋當帽子。依據認為這景象值得記錄的那個傑佛遜郡（Jefferson County）男人所寫，獨木舟裡那傢伙似乎無牽無掛地打盹，顯然信任河會帶他去他想要去的某個地方。另一艘船（他的邊船）載著堆得小山高的種子，在重量下吃水很深。種子細心地鋪上苔蘚和泥巴，以免在陽光下乾掉。

獨木舟裡打盹的男人是約翰．查普曼，他的綽號「強尼蘋果籽」在俄亥俄州已經家喻戶曉了。他正要前往瑪里埃塔（Marietta），馬斯金更河（Muskingum River）在那裡衝破俄亥俄河北岸，直直指向「西北地區」的中心。查普曼計畫要沿著那條河未有人定居的支流種下一座苗圃。這條支流的流域涵蓋俄亥俄州中部遠至曼斯非（Mansfield）那片森林茂密的肥沃山丘。查普曼很可能來自賓州西部的阿勒格尼郡（Allegheny County），他每年回去那裡收集蘋果籽，從蘋果酒廠後門旁芬芳的果渣堆裡分離出種子。一蒲氏耳的蘋果籽約十八公斤，足以種下三十萬棵樹；誰也不知道那天查普曼有多少蒲式耳的種子，不過他的雙體船應該讓荒野冒出了好幾座果園。

我在一本絕版傳記裡看到約翰．查普曼和他那堆蘋果籽一同乘船沿俄亥俄河而下，那形象從此縈繞我心。對我而言，那情景散發著神話的氣息——這神話說的是植物和人如何學著利用彼此，雙方都為對方做他們無法自己達成的事，這場交易改變了彼此，增進了共同的利益。

梭羅曾寫道，「蘋果樹的歷史和人類歷史密不可分，真不可思議」。從查普曼的故事可以抽絲剝繭地看出那故事大部分的美國篇章。那故事說的是，像他這樣的先驅播下舊世界的植物，馴化了西部前沿。如今我們常輕蔑地稱這些物種為「外來種」，但少了那些植物，美國的荒野或許永遠不會成為家園。那麼蘋果得到了什麼報償呢？得到了一段黃金年代：數不清的新品種，和半個世界的新棲地。

作為人與植物緊密結合的象徵，查普曼那艘奇特船隻的設計讓我總覺得恰如其分，暗示了成員雙方互惠的平等關係。查普曼似乎比我們大多人都善於從植物的角度看世界——或許可說是「以蘋果為中心」吧。他了解既是蘋果在替他做事，也是他在為蘋果做事。或許正因如此，他有時會把自己比作熊蜂，並在船上載滿種子。他沒把他運送的種子拖在後面，而是把兩艘船捆在一起，讓船並肩順流而下。

我們和其他物種交流時，完全過於居功。馴化應該代表克服自然的能力，但就連這能力也過譽了。畢竟需要雙方合力才能跳出那樣的舞，而許多植物、動物決定旁觀。人們再怎麼嘗試，也從來無法馴化櫟樹——櫟實營養豐富，卻依然苦到人類難以下嚥。櫟樹和松鼠的協議顯然很理想——松鼠欣然忘記埋藏的大約四分之一櫟實（這其實是《彼得兔》作者碧雅翠絲．波特的估算）。因此櫟樹從不需要跟我們達成任何正式的協議。

蘋果遠比較樂於和人類做生意，這在美國可能特別明顯。蘋果就像之前和之後的一代代移民，把這裡當成了自己家。其實，以美國為家的蘋果表現得太自然，以至於很多人誤以為蘋果是原生種。就連拉爾夫・沃爾多・愛默生（Ralph Waldo Emerson）這樣對自然史那麼博學多聞的人也誤會了，稱蘋果為「美國水果」。然而，不只是象徵上的意義，從生物學的意義來說也確實是這樣（或者變成這樣了），因為蘋果來到美國之後，就改頭換面。強尼蘋果籽把一船船種子帶去西部前沿，在蘋果改頭換面的過程中貢獻匪淺，不過蘋果本身也功不可沒。蘋果不只是乘客或隨從，而是自己故事中的主角。

◆ ◆ ◆ ◆ ◆

將近二百年後一個宛如夏季的十月，我身在俄亥俄州斯圖本維（Steubenville）南方幾公里處的俄亥俄河岸上，正是一般認為約翰・查普曼首度踏上西北地區的地方。我是來這裡找他的，至少我自己覺得是這樣。我想盡可能了解「真正」的強尼蘋果籽——迪士尼化民間英雄背後的歷史人物。此外，查普曼在蘋果的故事中扮演關鍵角色，我也想盡可能了解蘋果的事。我原以為這段旅程會是一部普通的歷史推理小說：我找到查普曼果園的位址，從賓州西部追隨著他的足跡（以及獨木舟的船跡）穿過俄亥俄州中部，進入印第安納州，看看能不能找到他種的任一棵樹。這些都達成了，不過我不確定這樣是否讓我更接近真正的約翰・查普曼，這人現在已經深深埋在層層沉積的深厚神話、傳說與一廂情願的想法之下。不過我確實找到另一個強尼蘋果籽，以及另一類蘋果，這些原本都已失落。

其實，那些蘋果自從和查普曼在他的雙體獨木舟裡一同順著俄亥俄河而下後，便經歷了類似的命運。當時兩者都有股強烈的陌生澀味，如今也都甜美到讓人認不得了。這兩個代表了嚴酷荒野的角色被徹底馴化了——查普曼化身為美國西部前沿慈祥的聖法蘭西斯，蘋果成了無瑕的俗豔紅色糖精球。一位蘋果學家對五爪蘋果的描述令人難忘：「甜到無以復加。」華特·迪士尼與幾代美國童書作家推廣的強尼蘋果籽也差不多。真材實料都被廉價虛假的甜取代了，不過我花了點時間才想出誰是罪魁禍首——是把人與蘋果、與收留他們的國家綁在一起的強烈欲望。

◆ ◆ ◆ ◆ ◆

查普曼的傳記作者卜萊斯（Robert Price）寫道，懶散躺在雙體獨木舟裡的男人「渾身透著濃濃的怪異氣息」。此話不假。查普曼成年後一直居無定所，晚上寧可待在戶外。有一年冬天，他在俄亥俄州迪凡斯（Defiance）城外一棵洋桐槭挖空的樹樁裡搭了間屋子，經營兩座苗圃。查普曼是西部前沿的素食主義者，認為騎馬或砍樹很殘忍；他曾經丟了一隻腳的鞋，懲罰那隻腳踩扁一條蟲。他最喜歡與印地安人和兒童為伴，他走到哪裡都有則謠言說他曾經和一名十歲的女孩訂婚，女孩後來讓他心碎了。卜萊斯忍不住向讀者保證，查普曼「不是徹頭徹尾的怪人」（粗體是我加的）。

我去俄亥俄州時，帶了本卜萊斯在一九五四年所寫的傳記，靠著傳記重溯強尼蘋果籽為了尋找種子每年從賓州西部遷徙到他在俄亥俄州偏僻的住宅，最後到印第安納州。卜萊斯的敘述，帶我來到查普曼首次渡河進入俄亥俄州的地點。他乘著褪色的迷你駁船到斯圖本維南方的布里央特（Brilliant）。

我花了點時間，才找到卜萊斯書裡提到的地標，那條名為喬治溪（George's Run）的小溪最後注入俄亥俄河。布里央特似乎沒人聽過那條溪。最後，我發現那條溪早就被改道，流入涵洞。今日，喬治溪悄悄地流過水泥管，經過一間二手車廠，從一條坑坑疤疤的街道下方穿過，最後在便利商店後面一道陡峭髒亂的堤岸半坡重見天日，涓涓流入俄亥俄河。

布里央特的居民懇請查普曼留下來種一片果園，但在查普曼眼中，那地方已經開發過度了。一七九七年查普曼自二十三歲時從麻薩諸塞州的隆美多（Longmeadow）來到西部之後，就因為性情和從事的工作，而一直遠離人煙。查普曼向布里央特的人解釋，他寧可跑在西進的拓荒者前面。而這將成為查普曼一生的模式——在他判斷適合定居的荒野種下苗圃，然後等待。等拓荒者到達的時候，他已經有蘋果樹可以賣給他們了。他會及時找到一個當地的男孩照顧他的樹，然後繼續前進，重複這個過程。一八三〇年代，約翰．查普曼經營起連鎖果園，遠從賓州西部穿過俄亥俄州中部，直到印第安納州。一八四五年，查普曼死於韋恩堡（Fort Wayne），有人說他還穿著那件聲名遠播的咖啡麻布袋衣裳，但他倒是留下一片地產，包括將近五百公頃的上好莊園。赤腳怪胎死時身價不凡。

這些傳記的事實雖然粗略，卻足以讓所有人質疑聖人般童書版本的強尼蘋果籽是否可信（兒童新娘？）。不過其實是一個植物學上的真相，讓我意識到他的故事已經佚失（而且很可能是刻意的結果）。真相其實只是這樣：蘋果不會「純系繁殖」，換句話說，種子種出的蘋果樹，是和親代不太相似的野生樹。想吃蘋果的人，得種下嫁接樹，因為實生苗結出的蘋果幾乎都不能吃。梭羅曾經這麼寫：「酸到足以讓松鼠的牙齒發麻，讓松鴉尖叫。」梭羅聲稱他喜歡那樣的蘋果滋味，不過他的同胞大多覺得那樣的蘋果一無是處，只能做蘋果酒——而蘋果酒是禁酒時期之前，美國大部分蘋果的歸宿。蘋果是拿來喝的。布里央特的人希望約翰・查普曼留下來種一座果園的原因，和不久之後俄亥俄州每間小木屋都歡迎他的原因相同：強尼蘋果籽把酒的恩賜帶到了西部前沿。

看到蘋果就想到健康、健全，這其實是現代的產物，一部分是二十世紀初蘋果產業想出的公關宣傳。婦女基督教禁酒聯會（Women's Christian Temperance Union）對這種水果宣戰，所以蘋果產業不得不為蘋果重新定位。看來凱莉・納西翁（Carry Nation）[1]的斧頭，不只要劈開酒館門，還要砍倒約翰・查普曼種下的那幾百萬棵蘋果樹。查普曼的故事遭到刪改，很可能就是那把斧頭（或至少是禁酒令）的關係。強尼蘋果籽因為許多特質而在邊疆備受尊重，他是慈善家、治療師和傳道者（所傳的教義和泛神論像得可怕），同時是移民和印地安人的和平使者。不過當我望著外面褐色的俄亥俄河緩緩西流，想像一身破爛的男人和他載的蘋果籽同行，我尋思，把查普曼描繪成基督教聖人所耗費的所有文化能量，是否真地僅僅只是為了馴化一個極為古怪、更像異教徒的英雄。或許我在俄亥俄州能一窺他從前的野性。他和蘋果的野性。

1　凱莉・納西翁（Carry Nation，一八四六—一九一一）：反對酒精濫用的激進主義者，以隨身攜帶斧頭劈爛酒吧聞名。——譯註把蘋果橫剖成兩半，會發現五個小隔室排列成完全對稱的星狀，有如五芒星。每個隔室裡都有一粒種子（偶爾兩粒），種子是明亮的深褐色，活像有木工上油、打亮過。這些種子有兩個值得注意的特徵。首先，種子中有微量的氰化物，氰化物苦到難以形容，很可能是蘋果演化來阻止動物啃食的防禦機制。

第二個特徵和這些種子的遺傳內容有關，同樣充滿驚奇。那顆蘋果的每粒種子含有全新、完全不同的蘋果樹遺傳指令，如果種下種子，長出的樹和親代的相似處將會微乎其微；約翰·查普曼身邊順著俄亥俄河而下的每粒種子當然也一樣。嫁接是複製樹木的古老技術，要是沒有嫁接，世上的每棵蘋果樹都會是獨特的變種，即使有棵蘋果樹不錯，死後也就沒了。以蘋果來說，子代幾乎都和親代差異極大。

植物學稱這種變異性為「雜合性」（heterozygosity）；雖然許多物種都有這種特性（包括我們人類），蘋果的傾向卻很極端。蘋果能以新英格蘭和紐西蘭、哈薩克和加州這些差異極大的地方為家，不是由於任何單一的性狀，而是蘋果的遺傳變異（無法避免的野性）。不論蘋果樹去哪裡，後代都會對於蘋果的本質提出許許多多不同的詮釋（每顆蘋果至少五版，每棵樹幾千版），而這些變化中，幾乎注定有幾個會擁有在新家園生長茁壯所需的所有特質。

蘋果究竟源於何方，研究這類主題的人一直爭論不休，不過看來馴化蘋果（*Malus domestica*）的祖先，是生長在哈薩克山上的野蘋果。在那些山區的部分地方，植物學家所知的新疆野蘋果（*Malus sieversii*）是森林裡的優勢種，長到十八公尺高，每年秋天長出蘋果般的古怪水果，結實纍纍，大小從彈珠大到壘球大，顏色從黃、綠到紅、紫。我曾經設想那樣的森林五月裡是什麼景色——還有聞起來是什麼氣味！或是十月，十月的林地上鋪滿粒粒紅、綠與金黃。

絲路橫越其中某些森林，而經過的旅人很可能會摘取最大、最美味的果實，帶著往西去。種子沿路撒下，長出野生苗，而蘋果屬任意和相關的物種雜交（例如歐洲野蘋果），最後在亞洲與歐洲各地產生數百萬新類型。其中大多數所結的果實難以入口，不過即使是這些樹，想必也值得種來生產蘋果酒或飼料。

真正的馴化，要等到中國人發明嫁接以後。公元前一千多年的某個時候，中國人發現擁有優良特質的樹可以切下一片木頭，嵌進另一棵樹的樹幹；這接穗「接合」之後，那接合點長出新株產生的果實，會表現出砧木的特徵。多虧了這種技術，希臘、羅馬人最後才能挑選、繁殖最好的樣本。這時，蘋果似乎沉寂了一陣子。按古羅馬學者普林尼所言，羅馬人栽培二十三個不同品種的蘋果，有些被他們帶去了英格蘭。扁球狀小小的女士（Lady）蘋果應該是其中一員，至今仍會於耶誕期間出現在市場。

梭羅一八六二年在一篇讚頌野蘋果的散文裡提到，這種最「文明化」的樹，追隨著帝國向西的途徑，從古老的世界來到歐洲，然後隨著早期拓荒者來到美國。清教徒把自己渡海到美國視為一種洗禮或重生，而蘋果就像清教徒，越過大西洋少不了改變認同——這情況促使世世代代的美國人在這種水果的故事中聽到自身故事的回響。美國的蘋果成了寓言。

早期到美國的移民帶來嫁接的舊世界蘋果樹，不過這些樹在新家的表現一般差強人意。嚴酷的冬天凍死許多蘋果樹，其他蘋果樹的果實則在花苞中就被英格蘭沒有的晚霜扼殺。不過殖民地的定居者也種下種子，那常是橫越大西洋的航程中所吃蘋果存下的種子，而這些實生苗長成的樹稱為「實生苗蘋果」（pippin），最後成長茁壯（尤其在殖民地定居者引進蜜蜂改善授粉之後；原本蘋果授粉並不穩定）。美國開國元勳兼科學家班・富蘭克林（Ben Franklin）指出，翠玉蘋果（Newtown Pippin）這種土生土長的蘋果發現於紐約法拉盛蘋果園，到了一七八一年，已經流傳到了歐洲。

其實，蘋果就像拓荒者，必須拋棄原本馴化的生活，回歸野外，才能重生為美國的一員——就像翠玉蘋果和鮑德溫蘋果（Baldwin）、金褐蘋果和喬納森（紅玉）蘋果（Jonathans）。這正是約翰・查普曼船上的種子所做的事，也是查普曼在做的事。蘋果藉由有性生殖、開花結子這樣的野生方式擷取龐大的基因庫（蘋果跨越亞洲與歐洲的旅程中累積的結果），然後找到在新世界生存所需的性狀組合。蘋果很可能也藉著和野生的美國野蘋果（美國唯一原生的蘋果樹）雜交，找到一些需要的基因。多虧了蘋果天生風流，加上像約翰・查普曼這種人的努力，新世界很快就有了自己的蘋果，適應了北美的土壤、氣候與日照長度，就像美國人本身一樣，和歐洲舊品系差異極大。

我從布里央特沿著俄亥俄河往下游，向瑪里埃塔而去。往南行，地景開始變得慵懶，惠靈附近河邊聳立的陡峭多岩山坡減緩，斜倚著看來很肥沃的農地。那是十月的第一週，是個星期天，許多玉米田才收割一部分，展現了工作到一半的定格畫面。一些田裡，高大的灰褐色玉米已被割下，露出從前的舊油井。美國最早的油田是在瑪里埃塔城外發現的，農夫在挖井時，會發現水中冒出天然氣氣泡——毫無疑問，就是中大獎的味道。（在那之前，致富的關鍵是在蘋果園裡發現上好的蘋果樹。）大部分的鑽油台已經生鏽、靜止，但我不時瞥見一座鑽油台仍然精力充沛地抽著油，彷彿現在是一九二五年。

我在瑪里埃塔短暫造訪戰神廣場要塞博物館（Campus Martius Museum），這間磚造的小型歷史博物館以俄亥俄州的拓荒時期為主軸，當時瑪里埃塔是西北地區的門戶。參觀者最先看到的是桌上往四面八方延伸的仿真模型，展現那地區在一七八八年是什麼模樣。那年，革命戰爭英雄魯弗斯．普特南（Rufus Putnam）帶著一小群男人來到這裡。普特南為他的俄亥俄公司向大陸議會爭取了一份特許狀。他們的家人會在幾個月後跟來，那時男人已經建造了一座有圍牆的小聚落，正是今日博物館所在之處。

牆上的十八世紀地圖，描繪了河流和溪流複雜交錯的樹狀流域，從馬斯金更河的主幹向北，連接散落的地名點，那些點很快就變得零星，化為空白。地圖迫使你用不習慣的方式思考俄亥俄，那裡不再是中部，而是一個開始、是西部前沿。一八〇一年查普曼第一次站在這裡時，此地當然是西部前沿，是美國的邊陲，一切將知與未知事物的斷崖——當然，例外的唯一可能性是你恰好是德拉瓦人（Delaware）或懷恩多特人（Wyandot），對他們來說，荒野的概念本身就是錯誤或謊言。不過對一八〇一年的白種美國人而言，瑪里埃塔是越過邊陲前的最後一站。

◆ ◆ ◆ ◆ ◆

一八〇一年，在前進內陸地區之前，在瑪里埃塔可以買的一樣東西，是蘋果樹。魯弗斯．普特南到達不久，就在俄亥俄河對岸種了一座苗圃，以便賣樹給經過的拓荒者。特別的是，普特南賣的蘋果不是種子長出來的，而是嫁接樹。其實，普特南的苗圃提供了一系列知名的東方品種，包括羅克斯伯里褐蘋果（Roxbury Russet）、翠玉蘋果和早收錢德勒（Early Chandler），這些品種在殖民時代的新英格蘭已經家喻戶曉。

所以說，約翰．查普曼的蘋果既不是俄亥俄州最早的，也根本不是最好的，因為他的蘋果全都是實生苗。查普曼其實有點任性，不想碰嫁接樹。他應該這麼說過：「他們可以那樣改良蘋果，不過那只是人類的一種手段，而那樣切開樹木很邪惡。正確的做法是挑出好種子，種在好土地上，只有上帝能改良蘋果。」

所以說，查普曼的經營究竟有什麼獨到之處，為何會成功？除了他對種子長出的蘋果有著近乎盲目的熱愛，他的事業也因為便於帶著走而與眾不同——他願意收拾行李，搬遷他的蘋果樹事業，趕上不斷移動的邊疆。查普曼就像精明的房地產開發商（確實也可以這麼形容他），他有種第六感，知道下一波開發的地點在哪裡。他會去那裡找一塊水邊的土地，種下他的種子（有時要付錢，有時不用），堅信幾年後他們前就會有蘋果樹市場。等到拓荒者來的時候，他已經有二、三歲的樹苗可賣，每株六分半。查普曼顯然是美國邊疆唯一採取那種策略的蘋果商人。這對邊疆和蘋果都有很大的影響。

◆ ◆ ◆ ◆ ◆

如果一個男人因個性使然，沒打算成家或落地生根，那麼沿著不斷移動的邊疆賣蘋果樹，就是不錯的小生意。蘋果在邊疆很珍貴，而查普曼可以確定他的苗木需求很大，即使大多的蘋果實生苗只會長出酸澀蘋果。他廉價販賣的是人人都想要的——其實是俄亥俄州人人依法都需要的東西。西北地區的土地放領，特別要求拓荒者「種下至少五十棵蘋果樹或西洋梨樹」，作為領有地契的條件。這條法律的目的，是鼓勵分到土地的拓荒者落地生根，抑制房地產投機。蘋果樹一般要十年才會結果，果園因此成為長期定居的指標。

一座果園也是理想化或馴化的森林，而一片陰暗荒野轉化為蘋果樹的整潔幾何形狀，提供了顯而易見（甚至觸動人心）的證據，證明拓荒者掌握了原始的森林。早期拓荒者遇到的原生林老樹，莊嚴得令人望之生畏；相較之下蘋果樹顯得謙遜，樂於接受我們賦予的外表，在伸手可及之處探出果實與花，想必在邊疆是極大的撫慰。

開闢果園之所以成了美國邊疆定居最早的一種儀式，第一個原因就如前述。而另一個原因則出自蘋果本身。要有大膽的歷史想像，才能體認到蘋果對二百年前的人多麼重要。相較之下，我們眼中的蘋果是無足輕重的東西——雖是熱門水果（僅次於香蕉），但不至於無法想像沒有蘋果的日子。我們遠比較難想像生活中沒有甜味的經驗，而以最廣義、最古老的意義來看，甜是由查普曼時代蘋果帶給美國人的，是蘋果幫忙滿足的欲望。

糖在十八世紀的美國十分稀有。即使加勒比地區種了甘蔗園，糖仍是大部分美國人難以取得的奢侈品。（之後，蔗糖和奴隸貿易太密不可分，因此許多美國人會出於信念，避免買蔗糖。）英國人來之前以及之後的一段時間，北美沒有蜜蜂，因此也沒有蜂蜜可言。北方印地安人要增甜，仰賴的是楓糖。直到十九世紀末，糖才夠充足、夠便宜，而能進入許許多多美國人的生活中（大多是東海岸居民）；在那之前，大多人生活中關於甜的感知主要來自水果。而在美國，水果通常是指蘋果。

◆ ◆ ◆ ◆ ◆

甜這種欲望起於舌頭的味覺，但並未止於那裡。至少從前不是。從前甜的經驗十分特別，「甜」這個字象徵了某種完美的境界。《格列佛遊記》作者喬納森．斯威夫特（Jonathan Swift）和詩人馬修．阿諾德（Matthew Arnold）這樣的作家用「甜美而光明」這種說法表達他們最高的理想。斯威夫特稱之為「兩種最崇高的狀態」；而阿諾德則稱之為文明最終的目標。他們援引的是「甜」這字追溯到古典時代的意義，那意義幾乎已經不為人知了。最好的土地據說是甜美的；最悅耳的聲音、最有說服力的言辭、最美好的景色、最文雅的人，以及任何事物的整體之中最上乘的部分也一樣，例如莎士比亞稱春天為「一年最甜美之時」。舌頭把「甜」借給所有感官，而這字在牛津英語詞典有點過時的定義中，是形容「提供喜悅或滿足欲望」的東西。甜這個詞就像一個閃亮亮的等號，意味著符合人類欲望的現實——代表著滿足。

那之後，甜失去不少力量，變得有點……呃，糖精了。現在誰還會覺得甜是「崇高」的特質？十九世紀的某個時候，文學中的這個詞開始隱約帶有不真誠的味道，而在我們的時代，通常籠罩著諷刺或多愁善感的陰影。濫用很可能讓這個字對舌頭的影響變廉價，但我認為歐洲出現廉價的糖（或許主要是奴隸生產的蔗糖），最有損甜作為感官體驗和作為象徵的價值。（發明人工甜味劑，是終極的汙辱。）不過我總覺得，值得找回甜的體驗和象徵，即使單單是為了欣賞蘋果從前的魅力也好。

就從滋味開始。想像有一刻，舌頭上蜂蜜或糖的感覺令人驚奇、陶醉。我最接近找回那種甜感的情況，是個間接經驗，即使那樣，我還是留下了強烈的印象：我想到我兒子第一次接觸到糖，那是他第一個生日蛋糕上的糖霜。我只能靠艾撒克的表情（還有他一心重複那段經驗的激動程度）來判斷，不過他第一次與糖的相遇，顯然令他痴醉——其實是種狂喜，貨真價實的狂喜。也就是說，他歡喜得難以自已，不大像前一刻那樣和我處於同一個時空。艾撒克坐在我腿上，我正用叉子把珍饈送進他大張的嘴裡，他在咬下一口之後，驚歎地抬頭看我，彷彿在吶喊：「你們的世界有這個？從今天起，我要把人生獻給這東西。」（他可說是做到了。）我記得當時我心想，這可不是什麼小欲望，然後納悶著：甜會不會是所有欲望的原型？

◆ ◆ ◆ ◆ ◆

人類學家發現，不同文化對苦、酸、鹹這些風味的喜好差異很大，不過對甜的愛好似乎放諸四海皆準。這概念對很多動物都適用，而這並不令人意外，因為自然是以糖的形態來儲存食物能量。我們和大多哺乳類一樣，最早體驗到的甜，是母親的乳汁。我們可能從乳房發展出對甜的愛好，也可能本能追求甜的東西，因此渴望母奶。

總之，事實證明甜是演化的一股動力。結果實的植物（例如蘋果）把種子包在甜而營養的果肉中，巧妙地利用哺乳類對糖的熱愛，讓動物以傳播種子來換取果糖，讓植物拓展地盤。這是一場盛大的共演化交易，最嗜甜的動物，與提供最大、最甜果實的植物一同繁衍，欣欣向榮，演化成今日我們看到的物種、我們現在的模樣。植物為了預防萬一，採取某些措施，保護種子不成為夥伴貪婪的犧牲品：植物會暫緩發展甜度和顏色，直到種子完全成熟，而在那之前，果實通常是不顯眼的綠，難以入口。有些時候，植物的種子會發展出毒素，確保動物只吃下甜美的果肉。蘋果正是這樣。

於是欲望被納入果實的本質與目的中，也因此常常是某種禁忌。蔬菜類相較之下沒那麼有魅力（誰聽過禁忌的蔬菜？），可以歸因於蔬菜的繁殖策略不是激起動物的欲望。

◆ ◆ ◆ ◆

蘋果靠著糖的誘惑，擴展到哈薩克森林外，橫越歐洲，來到北美的海岸，最後進入約翰·查普曼的獨木舟。不過蘋果對人類（可能尤其是美國人）的吸引力，大概不只因為單純的甜，也有象徵因素。最早期的拓荒者匆忙離開瑪里埃塔之類的地方時希望身邊有蘋果樹，原因是蘋果樹提供家的慰藉。從新英格蘭的清教徒時代起，蘋果就象徵安定而富饒的地景，也成了那種地景的一部分。在歐洲人眼中，甜美的地景少不了果樹，此外還有乾淨的水源、可耕種的土地和黑色沃土。形容大地「甜美」，是在說大地會回應我們的欲望。

一般認為伊甸園的那棵影響命運的樹是蘋果，可能也讓虔誠的人對蘋果有好印象，他們相信美國有一天將成為另一座伊甸園。其實，聖經從未明說「園當中那棵樹上的果子」是什麼，而那地區通常熱到長不了蘋果，不過至少中世紀以來，北歐人就假定禁忌的果實是蘋果。（也有些學者認為是石榴。）我覺得這個錯誤說明了蘋果有種天賦，能滲透到任何人類環境中，顯然就連聖經的環境也不例外。蘋果就像植物版的變色龍，透過文藝復興藝術家杜勒（Albrecht Dürer）、克拉納赫（Lucas Cranach der Ältere）與無數其他人的影像，鑽進我們伊甸園的形象中。他們的畫作現世之後，若在新世界的任何地方重現應許之地，很難想像會沒有蘋果樹。

清教徒尤其很難想像。北歐有個老傳統，把葡萄這種在所有拉丁基督教國家欣欣向榮的水果，和天主教教會的墮落連結在一起，於此同時，則把蘋果塑造成對新教有益的水果。聖餐中有葡萄酒，此外，舊約也警告人小心葡萄的誘惑；不過聖經對蘋果沒什麼意見，甚至蘋果能釀出烈酒也一樣。就連最敬畏上帝的清教徒也能說服自己，蘋果酒得到了神學的通行證。

一八八五年，一名講者對麻州園藝學會（Massachusetts Horticultural Society）聚會者說：「談到清教徒的欲望，這群人孤立無援，勉強求生，能把實生苗蘋果加入貧瘠的慰藉，用酸『蘋果酒』激勵心與肝，已經算僥倖了。或許清教徒喜愛蘋果酒……是因為《聖經》裡完全沒否定蘋果酒。」不論這原因是否為真，或僅是依據事實編造出的理由，美國人對蘋果酒確實有種強烈的愛好，這種愛好解釋了殖民地和邊疆為什麼極為重視蘋果。其實，那裡幾乎沒什麼別的能喝。

◆ ◆ ◆ ◆ ◆

酒精當然是糖的另一大恩賜：讓某些酵母菌吃植物產生的糖分，就會產生酒。發酵是把植物中的葡萄糖轉化成乙醇和二氧化碳。最甜的水果能釀出最烈的飲料，而在葡萄長不好的北方，最甜的水果通常是蘋果。在禁酒時期之前，美國種的蘋果不太可能被吃掉，而比較可能變成一桶蘋果酒。（蘋果「酒」是二十世紀的名詞，在那之前強調「酒」很多餘，因為在現代冷藏技術讓人保持甜蘋果汁的甜度之前，幾乎所有蘋果汁都要釀成酒。）

玉米烈酒又稱「白色閃電」，在邊疆領先蘋果酒幾年，不過蘋果樹開始結實之後，比較安全、可口，而且遠比較容易釀造的蘋果酒，就成了熱門的酒精飲料。把約翰．查普曼賣的那種實生苗種滿一果園，唯一的理由幾乎就是收成令人陶醉的飲料，只要有壓榨機和桶子，任何人都能擁有。放著發酵幾星期，榨出的蘋果汁就會產生溫和的酒精飲料，酒精濃度大約是葡萄酒的一半。想要更烈的，可以把蘋果酒蒸餾成白蘭地；單純冷凍也行，無法凍結的濃烈酒液稱為蘋果白蘭地。蘋果酒冰到零下三十度，會產生酒精濃度三十三％的蘋果白蘭地。

美國差不多所有農場都有果園，每年實實在在產生幾千加侖的蘋果酒。在農村，蘋果酒不只取代了葡萄酒和啤酒，甚至取代了咖啡和茶、果汁，甚至是水。其實，在很多地方，蘋果酒喝得比水更多，甚至兒童也喝，因為蘋果酒比較衛生，可說是更健康的飲料。蘋果酒變得對農村生活不可或缺，甚至指責酒精邪惡的人也把蘋果酒視為例外，而早期的禁酒主義者的成功之處主要在於讓喝酒的人從喝穀物烈酒改喝蘋果烈酒。最終，他們會直接抨擊蘋果酒，發起砍倒蘋果樹的運動，但直到十九世紀末，蘋果酒仍然享有清教徒量身訂作的神學豁免。

直到二十世紀，蘋果才得到有益的美名——「一天一蘋果，醫生遠離我」是種植者擔心禁酒會降低銷路而想出的廣告詞。一九〇〇年，園藝學家利伯蒂．海德．貝利（Liberty Hyde Bailey）寫道：「吃蘋果（而不是喝蘋果）變得至關緊要。」不過那之前的兩世紀中，只要美國人宣揚蘋果的好處，即使是最早率領清教徒前往新大陸建立殖民地的英國貴族約翰．溫斯羅普（John Winthrop）、開國元勳暨第三任總統湯馬斯．傑佛遜（Thomas Jefferson）、主張廢奴的公理會牧師亨利．沃德．畢奇爾（Henry Ward Beecher）或約翰．查普曼，當代的人很可能都會心領神會地微笑，在他們的話中明確聽到我們容易忽略的酒神回音。比方說，當愛默生寫到「如果土地只生產有用的玉米和馬鈴薯，而不種這種裝飾性、社會性的水果，人會比較孤單，沒那麼多朋友，少了支持」，他的讀者明白他要說的是酒的支持與社會性。

約翰．查普曼之所以那麼成功，唯一的解釋是，美國人「愛好蘋果酒」——所以即使瑪里埃塔已經在賣嫁接而結著食用蘋果的蘋果樹，查普曼還能靠著賣酸澀蘋果給俄亥俄州拓荒者為生。

◆　◆　◆　◆　◆

俄亥俄州的蒙弗農（Mount Vernon）是座典型的十九世紀初城鎮，樸實的網格狀街道圍繞著青翠的中央廣場，從那裡步行一段距離，就是兩條溪流交匯之處。廣場上的圖書館有一張一八〇五年繪製的小鎮地圖。低頭看左下角，梟河（Owl Creek）曲折，攪亂了整齊的網格，可以看到一四五和一四七號地——約翰・查普曼在一八〇九年以五十元的總價買了那裡。隨著小溪來到地圖右緣，會看到一排整齊的蘋果樹，代表一般認為屬於查普曼的一座苗圃。

我沿著馬斯金更河和支流前進，從瑪里埃塔向北，來到蒙弗農，會一會俄亥俄州的強尼蘋果籽頭號權威。威廉・埃勒里・瓊斯（William Ellery Jones）現年五十一歲，是心懷夢想的募款顧問兼業餘歷史學家，他想在曼斯非市外的山坡上成立一間強尼蘋果籽文化資產中心（Johnny Appleseed Heritage Center）和戶外劇場。一個月前，我打電話到瓊斯位於辛辛那提的家中時，他大方提議替我導覽「強尼蘋果籽之鄉」。瓊斯暗示他有些關於各種查普曼遺址與文物位置的重大發現，暗示如果我把握機會，也許可以看到一些。這機緣有點好得難以置信，一通電話就在蘋果籽之鄉找到指路人。結果我在這位個性溫和的狂熱分子陪伴下，開車在俄亥俄繞了三天，確認了我原本的判斷。

我看到文化資產中心和戶外劇場時就該明白了。我來西部，是為了逃離聖蘋果籽版本的查普曼。但我們握完手不久，我就發現比爾[2]・瓊斯對那版本的查普曼人生有深切認同。我問起查普曼的故事哪裡吸引了他，他一本正經地說：「查普曼是我們這時代的英雄。看看他的哲學，他的無私，他的基督教信仰。約翰・查普曼也是美國最早的環保人士。我問你，你還能為我們的孩子生出更好的榜樣嗎？」我決定等一等再提起兒童新娘或蘋果白蘭地的事。

瓊斯個頭高大，彬彬有禮，皮膚如羊皮紙般細緻，雙眼淡藍。他給人的印象就像繃緊的鼓，拘謹憨直，絲毫不帶反諷的幽默。而且他也認為自己在這時代有點格格不入。現代的美國令他驚駭，例如流行文化、暴力，還有「缺乏道德準則」。昔日俄亥俄州的邊疆，對他來說是活靈活現的現在，他口中時常不自覺冒出老派的用詞，像是「老天爺！」、「媽媽咪呀！」、「千真萬確」。

我最先注意到比爾的一點，是他白皙纖細的手，和他公事包裡的好幾雙皮手套。雖然當時不過十月，比爾卻在加油時戴著手套，甚至我在室內遞杯咖啡給他的時候他也戴著。我們熟一點之後，他提到他確定查普曼有強迫症，人們以前會取笑查普曼纖細的手。「那時候，如果你的手指不像大拇指那麼粗厚，大家會說你娘娘腔。」

瓊斯在蒙弗農和韋恩堡之間安排了雄心勃勃的行程，就從早晨輕快地散步到一四五、一四七號地開始。查普曼在蒙弗農的兩塊土地坐落在街道兩側，就在梟河兩岸。那裡現在是輪胎經銷商的停車場，瓊斯說，他正向州政府申請在遺址設立歷史地標。梟河看起來太淺、流速太慢，不像瓊斯描述的繁忙要道，但他指出，水庫和水壩早已馴服了當地大部分的溪流和河川。之後我發現，查普曼在蒙弗農的地產體現了他土地的常見特徵——緊靠溪流，確保早期苗木可獲得供水，以及後來販賣得以運輸，而且那兩塊地位在一片新拓居地的邊緣。那種獨特的向性，把查普曼從事物的中心拉向邊際。結果證實那種向性是他本人和其畢生課題的基調。

2 比爾是威廉的暱稱。——譯註

接下來幾天，比爾帶我走遍了蘋果籽之鄉，讓那半歷史的地方鮮活了起來，成果令人印象深刻。我們慢吞吞地穿過十幾座查普曼以前的苗圃，在一個設置歷史地標的地方暫停（瓊斯悲嘆最近標誌從黃銅換成鋁製），站在幾處平凡的街角，只有比爾知道那是「關鍵的蘋果籽地點」。我們在奧格萊士河畔（Auglaize River）發現著名的洋桐槭樹椿所在地，查普曼曾經住在其中（現在成了一間農舍前的草坪），我們在曼斯非一個破敗的區域，造訪了他妹妹波西絲・布魯姆（Persis Broom）的屋子所在地，那裡現在成為一間名叫奔鵝（Galloping Goose）的得來速酒鋪。我們在迪凡斯爬上一座淨水廠，毫無阻礙地看到蘋果籽的一座苗圃；我們在勞敦維（Loudonville）附近划了兩小時獨木舟，只為了看另一座苗圃一眼。我們在沙凡那（Savannah）外的一座農場裡，輪流站在一棵半死的老蘋果樹旁拍照，那棵樹可能是查普曼種下的，也可能不是。

過程中瓊斯不斷灌輸我強尼蘋果籽的故事，濃厚的傳說摻雜少許的歷史和自傳真相。現今所知關於查普曼的事，大多來自接待他住進家中木屋的眾多拓荒者，他們提供一晚食宿給這位著名的蘋果商人兼傳道者。查普曼的東道主樂於從他口中聽到關於印地安人、天堂，與他自己神奇功績的消息，並也樂於收下他的蘋果樹；他通常會種下兩棵蘋果樹，以表感謝。何況這位客人確實是他那時代的傳說，本身就極具娛樂價值。

◆ ◆ ◆ ◆ ◆

查普曼居無定所，隨處為家。他不斷遷移，秋天旅行到阿勒格尼收集種子，探查苗圃場地，在春天種下，夏天修理籬笆和舊苗圃，在他種樹的地方雇用當地代理人照顧、販賣他的樹；他很少在一個地方長住到可以親自做這些事。查普曼即使六十多歲，把營運總部搬到印第安納州了，仍然每年前往俄亥俄州中部，照顧他在那裡的苗圃。他的不在場管理方式使他時常遭詐欺，土地也常遭人侵占，不過一旦遇到這種情況，查普曼最關心的似乎都是他樹木的福祉。即使經歷這些挫敗，查普曼還是設法存下夠多的現金，建設他持有的不動產，還送錢給需要的人，而且時常是陌生人。比爾指出，他擁有的地產規模（包括大約二十二片土地）和一般認為他愚笨窩囊的印象頗不相符。

即使這樣，套句蒙弗農一位十九世紀歷史學家的話，他無疑也是「我們歷史中最古怪的一號人物」。從他每年遷徙路途中拜訪過的拓荒者的回憶中，冒出了一些令人難以置信的故事，訴說了他的堅忍、慷慨、和善、英勇，不得不說，還有頑固古怪。這些故事瓊斯都熟記在心，而且雖然他對最誇張的故事是真是假抱著不可知論的態度，卻也樂於轉述——至少大多是這樣。

不出意料，比爾詳細述說了查普曼的英雄事蹟，我們一同追溯一八一二年著名的「光腳長跑」的部分經過。和英格蘭開戰期間，與英國結盟的印地安人偶有暴亂，在一個九月的深夜，查普曼從曼斯非衝過將近五十公里的森林到蒙弗農，警告拓荒者，印地安人來了。當時他大概喊著：「看啊，異教徒的部族包圍你們門前，帶來吞噬一切的火焰。」

措詞很誇張，而查普曼確實把自己視為當今聖經敘事的英雄，一個男人受命「在荒野吹響號角」。他在所到的每間小木屋都宣揚同樣的話，在晚餐後問他的東道主，想不想聽「剛從天堂來的新消息」，然後拿出他一直塞在腰帶裡的斯威登堡（Swedenborgian）小冊子。查普曼的黑眼閃閃發光，然後燒成佈道之火，帶著神祕主義者的狂熱。查普曼把自己視為邊疆的熊蜂，帶來種子和上帝的話——訴說著甜美與光明。

斯威登堡的教條指出，大地上的一切都與來世的事物直接相應，或許能解釋查普曼在自然中古怪又奇妙的行為。查普曼的同胞認為那片土地未開化又惡劣，因此該由他們征服；但在查普曼眼中卻都很和善，在他眼中，最卑微的蟲子都散發著神聖的目的。查普曼對動物的慈悲態度是眾所皆知的怪癖，違反了邊疆的風俗。據說他一看到蚊子受火光吸引，就撲滅他的營火。查普曼常用他的盈利買跛腳馬，以免那些馬遭宰殺。他也曾釋放陷阱中的狼，照顧牠到康復，然後養在身邊當寵物。一天晚上，查普曼發現他預計過夜的空心原木已經被幼熊占據，就沒打擾牠們，而是在雪地打地鋪。看起來查普曼哪都能睡，不過他偏好空心的木頭，或在兩棵樹之間掛上吊床。有一次，他乘著一塊浮冰漂下阿勒格尼，破百公里的路上都在睡。

奇妙的是，許多查普曼的故事都和他的腳有關——他任何天氣都打赤腳，甚至有一次因為踩到蟲子（有些版本說是蛇）而處罰自己的腳。此外他也會拿針或燒熱的炭壓在腳底，逗男孩開心，結果他的腳底變得像大象的腳一樣粗硬堅韌。（雖然查普曼一定飽受嘲弄，但堅毅得令男孩敬畏，所以他們從來不取笑他。）查普曼曾經聽一位曼斯非的巡迴牧師敲打他的樹樁佈道壇，一再問：「現在哪有人像古早基督徒，一身粗劣的衣物，光腳走到天堂？」查普曼從他斜倚的原木上爬起來，把他醜陋的光腳穩穩踩在牧師的樹樁中央。「你的古早基督徒就在這！」反覆出現的光腳主題，強化了人們察覺到查普曼和自然有種獨特關係的感覺——而且那關係不大像是人類的。鞋底在我們與大地之間插入一道保護的屏障；如果鞋子是文明生活不可或缺的一部分，那麼查普曼就是一腳栽在另一個領域，和動物至少有那麼點相同。每次我聽到或讀到查普曼粗硬的光腳，就忍不住把他想像成某種半人羊或半人馬。

不過查普曼雖然奇裝異服，個人習慣奇特，認識他的人卻說他「從來不討人厭」。大家很樂於邀他來家裡作客，父母會讓他把孩子抱在腿上晃動逗弄。

查普曼隱晦的愛情生活故事似乎隨著他越過邊疆，但不論我怎麼問比爾・瓊斯，他都絕口不提。據說麻州一個女孩在婚禮祭壇放了查普曼鴿子之後，他就去了西部。問查普曼怎麼都不結婚，他會說，上帝答應他，只要他放棄在人間結婚，就會「在天堂得到真正的妻子」。卜萊斯轉述的這些故事中，最古怪的莫過於查普曼和邊疆的一個家庭約定，把他們十歲大的女兒當成兒童新娘。查普曼有幾年的時間經常拜訪女孩，出錢撫養她，直到一次造訪時，他偶然目睹年輕的未婚妻和一些同齡的男孩調情。查普曼受傷又憤怒，毅然斬斷了關係。不論真實與否，這些故事暗示了某種性怪癖。也可能是查普曼的性欲隱沒在某種多型性的自然之愛中，就像有些生物學家推想梭羅的情況。

我小心翼翼地向比爾提過這個話題。我選的時機可能不大理想。我們坐在我租的車裡，沿著曼斯非附近林間的山腰往上開，比爾希望有一天能建造他的文化資產中心和「第一流」的戶外劇場，成為學校團體和家庭度假景點。他跟我說過好幾次了。結果我卻問他覺不覺得他的英雄可能對……小女孩有意思。

瓊斯尷尬地說：「我很清楚你指的是什麼故事。是兒童新娘的那個。在我看，那故事完全不可信。」

瓊斯沉默了一段時間，然後斥責起「那種覺得有必要貶低我們英雄的人」。之後，他嘴角緊張地抽搐，吐露出他對查普曼最深沉、最黑暗的恐懼——對他英雄性癖的指控，這指控雖然沒根據（其實根本沒人指證過），卻準備「毀掉我們想成就的所有事」。但很遺憾，聽到這謠言的代價，是保證不洩漏。

對於查普曼的愛情生活，瓊斯有他自己保密到家的理論，說的是一個麻州女孩答應去俄亥俄州找他卻爽約的事。「我目前只能透露這麼多了。」比爾說。聽起來像在停車場跟披露水門案醜聞的記者說話。我溫和地施壓。「不行。在我徹底查證並發表之前，我一個字也不會說。」

◆ ◆ ◆ ◆ ◆

那晚，我去勞敦維歷史學會（Loudonville Historical Society）聽比爾談查普曼的一場演講，那是他隻身一人為他文化資產中心與戶外劇場爭取支持的一站。聽眾大約五十人，大多是退休人士，坐在折疊椅上啜飲咖啡，禮貌地聽瓊斯推銷他的論點：約翰．查普曼正是幫助我們孩子在變化莫測的世界生存下來的「模範人物」，「卻沒人說他的故事」。他說話時，投影機照出查普曼早年的版畫，版畫家是在俄亥俄州認識他的一名女子。查普曼瘦巴巴，光著腳，穿件粗麻布衣，腰部束起像件連身裙，頭上戴個錫鍋，一手遞出一株蘋果苗，宛如權杖。那男人看起來完全瘋了。

比爾的話帶著佈道的修辭形式，「沒人說他的故事！」這句台詞成為強調的副歌。比爾決心把查普曼的人生修剪成基督徒的形狀，而他說的故事，是陳述他生前高尚德行的故事。

原環境主義者（Protoenvironmentalist）、慈善家，以及兒童、動物和印地安人的朋友。那幾乎只是幼稚無趣的談話，我不是在場唯一愈來愈不耐煩的人，尤其是瓊斯講到蘋果時，居然稱讚蘋果是「邊疆重要的維生素C來源」。就在這時，我後面有個老人家用手肘頂頂隔壁的人，低聲說：「所以說，他會不會講到蘋果白蘭地啊？」

結果他沒講到。比爾正在做邊疆聖人的轉播，其中容不下酒精，或神祕主義，或風流韻事，或任何形式的怪異心理。唯一提到的蘋果酒，是蘋果酒醋，「像防腐劑一樣充滿活力」（所以約翰．查普曼就是那樣的人物——醃漬物的守護者！）之後，我們收拾比爾的腳架和投影片的時候，我問他為何避而不談。他微笑了：「拜託，這是闔家觀賞的節目耶。」

◆ ◆ ◆ ◆

隔天早上，我和比爾出發去勞敦維北邊的一段莫希甘河划獨木舟時，我覺得我更了解約翰．查普曼了。比爾想讓我看查普曼的一座河畔苗圃，而我想從比較接近查普曼的角度來看那片鄉間——我是指從水上，因為查普曼通常是乘坐獨木舟旅行。查普曼帶著的舊地圖上，河川溪流是以粗黑線條表示，周圍是大量的空白。他的美國是圍繞著這些血管般的線條組織起來，就像我們的美國是圍繞著公路組織起來。順著這些河，可以從我和比爾出發的地方一路到匹茲堡或密西西比，就看你在瑪里埃塔朝哪裡去。

我們在佩里斯維爾（Perrysville）上游幾公里下水的時候，太陽還沒升到樹頂上。比爾划獨木舟的經驗比較豐富，所以我坐在前座。河水以那時節而言湍急得驚人，平滑如剛鋪過柏油的馬路，唯獨斷枝擾亂水面，使水面熠熠發光。有些地方，水面浮起陰森的霧氣，夾岸的樹木濃密，幾乎像正在鑽過一片荒野。高大的白楊長長伸向水上，洋桐槭扭曲得誇張。其實，一畝畝剛收成的玉米就躺在那排樹木後，有一刻，我從葉子間瞥見一間嘎嘎作響的工廠，我們掠過川秋沙和綠頭鴨旁，看到一隻北美黑啄木打樁似地啄著岸上一棵枯樹的樹幹。一次，一隻年輕的美洲木鴨讓我們跟著牠至少三十公尺，很可能是想引我們遠離牠的巢，一判斷岸邊安全了，木鴨就振翅升空，發出驚人聲響。

我們划了一小時左右，比爾指向左邊一片開闊的高地。這是格林敦（Greentown）所在地，至少在一八一二年那裡被拓荒者燒燬之前，查普曼都時常造訪那座逐漸擴展的印地安村落。再過去不過幾百公尺，在一條小溪涓涓流入河中之處，是查普曼蘋果樹苗圃的所在。我抬起槳，透過樹隙可以看到微微起伏的黑土地上有一片參差不齊的玉米殘株。

苗圃靠近一座印地安村落，別人或許會煩惱，不過查普曼輕鬆地在拓荒者和美國原住民的社會之間來去，即使在雙方交戰時也一樣。查普曼在印地安人眼中是聰明的森林居民和巫醫。除了印地安人迫切想要的蘋果，查普曼也隨身帶著十多種藥用植物的種子，包括毛蕊花、益母草、蒲公英、冬青、胡薄荷和春黃菊，他很擅長運用這些植物。

其他人認為固定而不能打破的邊界，查普曼卻能自由來去——紅人與白人世界的邊界、荒野與文明的邊界，甚至這世界與來世的邊界。這種能力是他性格的一個特徵，很可能是最令當時和現在的人們困惑的一點。至少我困惑了。至少從傳統的角度來看，查普曼的一生似乎是一團亂線，由互相衝突的觀念和矛盾構成，一般人根本沒可能消受，更不可能化解。

我和比爾緩緩沿莫希甘河而下，各自沉浸在自己的念頭中。我設法列出一些矛盾，想找出某種模式。查普曼結合了拓荒者與探險家丹尼爾．布恩（Daniel Boone）頑強的堅韌，以及印度教徒的溫和。他極為虔誠，有時大概虔誠得煩人（「要不要聽些剛從天堂來的新消息？」）不過人們說他也喜歡來一杯，以及一撮鼻菸，然後說個好笑話——時常是自嘲。我納悶著，他是怎麼平衡他每天投入的兩個天職——他為邊疆過著艱苦生活的人們帶來兩種截然不同的慰藉：上帝的話和酒。

矛盾愈來愈多。他是文明的媒介，致力於用他的蘋果樹、藥草和宗教馴化荒野，同時他在未馴化的野外或美國原住民身邊又十分自在。對美國原住民而言，那樣的文明有毒。查普曼這個身披粗麻布衣、光腳走路的山野粗人，卻能滔滔不絕地談論斯威登堡的神學，那可能是當時最挑戰才智的宗教教條。

或許那就是關鍵。或許正是斯威登堡的思想給了查普曼化解這些矛盾所需的一切。在斯威登堡的理念中，自然世界和神性毫無分歧。斯威登堡很像愛默生（愛默生自認受斯威登堡影響），宣稱自然和心靈真相之間有一對一的「對應」，所以仔細關注和投入自然真相能讓人更理解心靈真相。所以開花的蘋果樹，既是產生果實的自然過程，也是「神的福音」；同樣的，在上頭盤旋的烏鴉，是等著人類偏離正道時吞沒他們靈魂的一種黑暗力量。你面前的河可能是那條途徑，不過拐錯彎就可能誤入俄亥俄州的紐瓦克（Newark），那座酗酒的小鎮因為賭博和賣淫而惡名昭彰，查普曼覺得那裡簡直預告了地獄。我們眼前的一切都是雙重的；不是在這世界或那世界，而是同時存於兩個世界。

他熱切地抱持那種信念，那信念想必讓整片地景亮了起來——河川樹木，熊、狼、烏鴉，甚至是蚊子都籠罩在神聖的光暈中。穿過林子的所有小徑都變得神聖，所有匱乏都是心靈的考驗。扣除基督教的象徵主義，我想查普曼的世界很像古希臘人所在的世界，那世界裡，所有自然與經驗（不論是暴風、黎明或你門前的陌生人）都充滿神聖的意義。人會向外、向大地尋求意義，而不是像內、向上尋求。

在查普曼那時代，這不是自然在美國人眼中通常的模樣。對他們大多數人來說，森林仍然是未開化的渾沌。等到新英格蘭超驗主義者開始在自然中找到神性的時候（他們稱之為「上帝的第二本書」），人類已經牢牢控制地景超過一個世紀了，《湖濱散記》的華爾騰森林根本不是荒野。對查普曼而言，自然世界即使在最野性的狀態，也從來不曾背離或令人偏離精神世界；自然世界與精神世界是連續的。某方面來說，這種信條符合美國原住民的宇宙觀，可以解釋查普曼和印地安人為何如此投契。查普曼的神祕主義教義已經逼近泛神論和自然崇拜，幾乎到了基督宗教所曾試探的邊緣。他如果身在清教徒時期的新英格蘭，會因為身為異端而被關進監牢。

查普曼可能深信，這世界是來世的某種類型或草圖，讓他得以忽略或化解我們其他人在物質與精神世界間、自然與文明世界間感覺到的張力。對他來說，這些界線可能根本不是真的。那麼多蘋果籽的傳說把他描寫成某種過渡的人物，半人半……唔，別的東西。他正是因為那別的東西（或許他光腳的腳底長繭所形成的粗糙老皮正是象徵），而能夠一腳踩在我們世界、一腳踩在另一個世界。他有點像扣除性欲的半人羊——可說是清教徒版的半人羊，穿過林間，彷彿那裡是他真正的家，以中空的原木為床，用油胡桃做早餐，與狼為伴。

想到散居於這些溪流間的拓荒者會接待查普曼到他們家，提供餐食和床鋪給這位衣衫襤褸的怪人，我就想起古典神話中的神祇有時會打扮成乞丐出現在人們的門前。保險起見，即使再可疑的陌生人，希臘人也會熱烈歡迎。誰知道你門前的邋遢傢伙何時會露出雅典娜的真容。強尼蘋果籽的名聲的確通常走得比他快，但不能怪拓荒者家庭懷疑出現在門前的男人是否有什麼超凡之處。大家都提到他眼中有種光采，他帶來其他世界（野外、印地安和天堂）的消息，當然了，還有這些蘋果的珍貴恩賜。

我們漂過林間，聽著鳥鳴和槳劃過黑水發出的嘩啦聲，我試圖回想查普曼的形象。我求助於比爾前一晚在歷史學會的一張投影片。這是張蝕刻畫，搭配一篇關於查普曼的文章，刊載在一八七一年《哈潑新月刊》（*Harper's New Monthly Magazine*）上，將查普曼描繪成精瘦光腳的人物，留著山羊鬍，身上穿的又是非常像寬外袍或連身裙的東西。看起來是亦男亦女的一個人物。不過作品更有野心，因為留著山羊鬍的瘦小人形也融入（或突出於）周圍陰暗的樹木。記得我當時心想，真是奇妙的景象。現在我想我明白原因了——查普曼在畫中是某個異教森林之神微微基督教化的版本。那似乎很貼切。

我有這小小的頓悟時，太陽在樹後已經爬得夠高，足以在白楊葉間大放光芒，幾乎有如閃光燈，一時讓河景化為自身的剪影。現在我眼中的查普曼再清晰也不過了。強尼蘋果籽並不是基督教聖人——那樣的形象略過太多他的本質，以及他在我們神話中代表的事物。我意識到，他的本質是美國的酒神戴歐尼索斯（Dionysus）。

◆　◆　◆　◆　◆

河上之旅以後，我對比爾．瓊斯版約翰．查普曼的興致開始後繼無力了。對我來說太糟了，因為從這裡到韋恩堡還有很長一段距離，而我打算從那裡搭飛機回家。我發覺自己在聽查普曼為一個家庭買下一組瓷器的感人故事時恍神了，那家人在一場火災失去了所有。感覺現在有兩個約翰．查普曼和我們一同坐在車裡，一個是比爾的基督教聖徒，另一個是我的異教神祇，而前座要容下他們倆，感覺有點擠了。開往韋恩堡的路程因此變得極為漫長。

我終於到家時，又去找蘋果籽，不過這次是去圖書館找。我讀了和戴歐尼索斯有關的一切；在這之前，我對酒神的了解只限於一般高中的基礎知識。戴歐尼索斯教人怎麼發酵葡萄汁，為文明帶來酒的恩賜。這多少就是強尼蘋果籽帶到邊疆的禮物——因為美國葡萄沒甜到可以成功發酵，所以蘋果就成了美國葡萄，而蘋果酒則是美國的葡萄酒。不過我繼續挖掘戴歐尼索斯的神話時，意識到他的故事遠不只這樣，而這奇妙善變的神祇形象開始變得清晰，顯得和約翰．查普曼極為相似。或者說，至少和「強尼蘋果籽」這個傳奇人物十分相似，我這下子深信他是戴歐尼索斯在美國的後繼者了。

戴歐尼索斯和強尼蘋果籽一樣，存在於不斷變動的邊界，在野性與文明、男人與女人、人與神、獸與人的領域之間悄悄來去。我發現戴歐尼索斯有各種不同的形象，被描繪成頭上冒出葉片的野人、山羊、公牛、樹和女人。德國哲學家弗里德里希．尼采（Friedrich Nietzsche）描繪的戴歐尼索斯，能化解自然與文化之間的「所有死板而敵意的隔閡」。

希臘人把戴歐尼索斯視為阿波羅的對立面。阿波羅是明確的界線、秩序、光明與人牢牢控制自然之神。戴歐尼索斯的狂歡消融了阿波羅的所有界線，以至於像尼采所寫的，「被疏離的、敵視的，或被征服的自然……慶祝她和失散的兒子（人類）和解了。」雅典人崇拜戴歐尼索斯，喝他的葡萄酒後迷醉，藉此暫時回歸自然，回到「對他來說，人還是植物、動物的兄弟」的時候（借用英國古典學家珍．哈里森〔Jane Harrison〕的形容）。對戴歐尼索斯這種古怪狂喜的崇拜不需神殿，總是發生在城外，從而讓宗教回歸樹林——也就是宗教的發源處。

我也學到，戴歐尼索斯是原本促成人與動物緊密結合的神，而約翰．查普曼的雙體獨木舟在我眼中，正象徵著那樣的緊密關係。詹姆斯．弗雷澤（James Frazer）在《金枝》（*Golden Bough*）一書裡說，除了守護葡萄藤，戴歐尼索斯也守護人類栽培的樹木，並特別把發現蘋果歸功於他。他其實就是馴化之神，從「自然的懷中帶來智慧」（引用尼采之言），不只教人發酵葡萄酒，也教人把犁掛到牛身上。戴歐尼索斯把野生植物帶到文明的屋裡，但他不馴的存在同樣讓人想到，那屋子有點不安穩地坐落在不馴的自然裡。我再次領悟到，強尼蘋果籽也是如此。

戴歐尼索斯和葡萄及葡萄酒的牽連，最反映戴歐尼索斯雙重角色（一股馴化與野性之力）的矛盾。酒本身是特別過渡的東西，既懸於自然與文化之間，也懸於禮儀與放縱之間。能把原原本本的自然（果實！）巧妙轉化成能夠改變人類知覺的東西，真的很神奇。然而，我們時常忽略或譴責葡萄酒是文明的成就，美國人或許尤其如此，對美國人來說，酒精一向牽涉道德問題。

希臘人遠比我們擅長保有矛盾的思想，他們明白酒醉可以是神聖的，也可以是齷齪的，可以是人類的交流儀式，也可以是瘋狂的，這都取決於多用心處理其中的魔法。柏拉圖警告：「葡萄酒沒原則。」（他建議把葡萄酒摻水，用小杯飲用。）戴歐尼索斯的歡宴時常始於狂喜，結束於鮮血，體現了這個真相——葡萄酒既能鬆動抑制的結，揭露了自然最仁慈的一面，也能化解文明的束縛，釋放不受拘束的熱情。

所以套一句尤里庇底斯的話，所有神祇之中，「對人類而言，戴歐尼索斯最激烈、最甜美」。如果阿波羅是凝聚光明之神，那麼戴歐尼索斯就是在夜間崇拜的散亂甜美之神。在他影響下，「大地流動，在我們腳下流動，然後乳汁流著，葡萄酒流著，花蜜流著，宛如火焰」。在戴歐尼索斯和他葡萄酒的魔力下，整個自然都回應我們的欲望。

戴歐尼索斯的劇劇性事件當中最激烈的部分，這位強尼蘋果籽並未參與。他比戴歐尼索斯溫和多了，沒那麼情欲，不過他的性別的確有時顯得同樣不定形。（這麼說來，查普曼確實倡導性狂歡——不過只是在蘋果樹之間。）在美國，從文明飛躍回自然通常是孤獨而清苦的追尋，和荒野的關聯比和野性的關聯更強。強尼蘋果籽非常符合美國戴歐尼索斯的形象——純真而溫和。在這方面，他或許促成了對邪惡視而不見的良性模式，這是戴歐尼索斯族類在美國文化中的特性，從超驗主義者聚集的康科德（Concord），一直延續到夏之愛（Summer of Love）的嬉皮盛會。

◆ ◆ ◆ ◆

一八七一年《哈潑》的文章中，認識查普曼的一名女子回憶道：「他的聲音好像還在耳邊，和那個夏日一樣。我們忙著在樓上縫百衲被，他躺在門邊，聲音愈來愈高昂，帶著譴責的語氣與令人震撼的力道，像風與浪濤的怒吼一般強勁響亮，然後像輕撫他灰鬍子旁牽牛花葉的宜人氣流一般柔和舒緩。他擁有奇妙的口才，無疑是天才人物。」

想像那樣的人物在美國邊疆多麼吸引人，這溫和的野人來到你門前，彷彿剛從自然的懷抱中走來（居然還戴著牽牛花葉環）。他帶來其他世界欣喜的消息，靠著他的蘋果樹和蘋果酒，承諾了這世界的某種甜蜜。拓荒者在邊疆生活的殘酷現實下辛勞工作，日日面對自然冷酷的面孔，對他們來說，強尼蘋果籽的話和種子讓人暫時脫離平庸這種長期刑罰，提供了超脫的希望。

在這脫俗人物的魔咒下，自家木屋窗外的世界突然顯得截然不同，不再那麼刻板，或和此時此刻結合得那麼緊密。強尼蘋果籽眼中冒著光輝，示範怎麼在自然中看到神性，他「擁有奇妙的口才」，把平凡無奇的地景轉化為景象的逼真劇場。你也能看出，這是很好的基督教教條，但實際上，這既神祕又狂喜，沉湎於自然萬能的甜，而不是天上基督唯一的光。即使他的話本身不會讓牛奶、酒與蜜像火焰般流動，但還有他種下的蘋果樹，那些樹以自己的方式具有神聖的意義，另外，或許最有力的是這些樹將產生的蘋果酒。因為酒精帶來的奇蹟之一，就是會使我們周圍的這個世界，這個冷酷冷淡的星球，蒙上一層充滿意義的溫暖光輝（或至少營造出那樣的假象）。這是強尼蘋果籽帶給這國家的甜美禮物。

◆　◆　◆　◆　◆

雖然強尼蘋果籽可能缺乏酒神身上那種互補的兇猛特質，但本身卻傳達出既令人振奮又驚嚇的提醒：野蠻其實近在咫尺，而文明的掌控又是多麼脆弱。荒野與文明的無情對立構成了邊疆生活，而強尼蘋果籽靠他自己和他的故事，暫時化解了那樣的對立。我想像，在荒野努力撐下去的拓荒者，把蘋果籽視為比較的好對象。不論你在邊疆過得多窘迫，看到約翰．查普曼都會免不了感恩——至少你有皮鞋和溫暖的爐子、適合待客的桌子，頭上也有屋簷可遮風避雨。而你這位客人整個冬天只能靠油胡桃維生，或是和一匹狼一同以葉子為床的那些故事，能夠讓最透風的木屋溫暖起來，也能使最粗陋的一餐更有滋味。有時候，最能實現文明理想的，是凝視與文明對立之物的本質。那樣的原則，可能是古雅典舉行戴歐尼索斯式狂歡的基礎——也可能驅使十九世紀俄亥俄州的人們邀請像約翰．查普曼這樣的人進入家裡。

◆ ◆ ◆ ◆ ◆

約翰．查普曼和戴歐尼索斯一樣，是馴化的媒介。他幫忙種下的每一座蘋果園，讓荒野變得稍稍比較宜人、像家了一點。（只是這個家，剛好是查普曼自己不想住的地方。）不過除了蘋果，約翰．查普曼還把許多舊世界的植物帶到美國，此外還有宛如小藥典的藥用植物收藏，以及不少雜草。我在俄亥俄州遇到一些人，他們至今仍咒罵查普曼引入臭茴香。他在所到之處都種下這種麻煩的雜草，相信臭茴香能避免瘧疾入侵家宅。時至今日，俄亥俄人仍然稱之為「強尼雜草」。他種植蘋果，幫忙把新世界的地景重塑成比較熟悉的景象，在過程中促成了美國的生態轉型，而我們至今才開始體認到規模之大。

人人都知道，西部的拓居地仰賴步槍和斧頭，不過要確保歐洲人在新世界成功，種子的重要性不亞於槍斧。（約翰．查普曼如今仍和丹尼爾．布恩與美國政治家大衛．克羅〔Davy Crockett〕等等邊疆英雄一起活在人的記憶中，顯示或許我們早在完全了解這一點之前就已察覺。）歐洲人帶著一種可攜式的生態系到邊疆，重新創造出自己過去習慣的生活方式——他們帶來的包括牲畜生長茁壯所需的草、讓他們保持健康的草藥，和讓生活舒適的舊世界花果。西方的這種生物拓居，拓荒者自己通常也沒注意。他們靴子底的裂痕夾帶了雜草種子，馬匹飼料袋夾帶了草種，而他們的血與內臟帶著微生物。（不過這些引入的植物都逃不過原住民的眼睛。）約翰．查普曼藉著種下數百萬顆種子，比大部分人更有系統地進行這項工作。

查普曼在改變大地的過程中，也改變了蘋果——應該說，讓蘋果能夠改變自己。如果像查普曼這樣的美國人只種嫁接的蘋果樹（如果美國人當初是吃蘋果而不是喝蘋果），蘋果就無法自我改造、適應新家園。種子和蘋果酒讓蘋果有機會藉著試錯找出在新世界欣欣向榮所需的精確性狀組合。查普曼大量栽種無名的釀酒蘋果種子，得到十九世紀一些厲害的美國栽培種。

從這角度看，在美國的土地上種植蘋果籽而不去複製蘋果樹的行為，展現了強大無比的信念，既是拒斥歐洲與熟悉的事物，也選擇了無法預料的新事物。查普曼藉此打了拓荒者經典的賭注，賭在這片有救贖意義的美國土地種下種子，可能會長出嶄新的希望。這恰巧也是自然的賭注——雜交是自然為世界帶來新意的一種方式。約翰．查普曼的數百萬顆種子與數千公里旅程改變了蘋果，而蘋果改變了美國。難怪強尼蘋果籽擺脫了歷史學家和傳記作家的掌握，攀升進入神話的層次。

◆ ◆ ◆ ◆ ◆

據我所知，約翰·查普曼從未到過紐約州的日內瓦，不過我在那裡的一座果園最後一次瞥見他，某方面來說，那是最鮮明的一眼。日內瓦河的兩岸上，在產蘋果的美好鄉間，名叫「植物遺傳資源小組」（Plant Genetic Resources Unit）的政府團體照料著世上最大的蘋果樹收藏。那裡從世界各地收集了大約二千五百個品種，在這裡成雙成對地展示，彷彿擱淺的植物方舟。這是二十公頃的樹木資料庫，資料卡目錄囊括了完整的果樹栽培學，從亞當的皮爾曼蘋果（Adam's Pearmain，古老的英格蘭蘋果）到德國的祖卡馬吉歐（Zucalmagio）都包含其中。瀏覽時，幾乎能找到一六四五年羅克斯伯里褐蘋果在波士頓城外一座蘋果園脫穎而出以來，在美國發現的所有品種。

日內瓦果園除了種種成就，也是蘋果在美國黃金時代的博物館。我去中西部的幾星期後，獨自一人前往那裡，看看我在果園的廊道間能找到什麼強尼蘋果籽的遺澤。乍看之下，果園很一般，整整齊齊的一排排嫁接果樹像鐵軌一樣延伸向地平線。但要不了多久，就會開始注意到這些蘋果樹的驚人多樣性（包括顏色、葉子和分枝習性），而圖書館的比喻開始顯得貼切了——有如無數書架的書，而一本本書只是表面上看起來相似。我參訪時正值十月，大部分的樹都被成熟的果實壓彎枝條，還有許多樹已經在周圍的地上落下豔麗的紅、黃、綠毯。

我大半個早上都在瀏覽枝葉茂盛的走道，品嚐我讀過的所有著名老品種——埃索普·斯皮曾伯格（Esopus Spitzenberg）和翠玉蘋果、鷹眼（Hawkeye）和冬蕉（Winter Banana）。幾乎所有經典品種都是在約翰·查普曼贊助的蘋果酒園中找到的偶發實生苗，而這片果園裡無疑有他在賓州、俄亥俄州和印第安納州種下的種子長出的蘋果。只是無從知道是哪些。

收藏管理者菲爾．弗斯林（Phil Forsline）替我印出電腦化的目錄，我在行間來回查詢目錄時，把焦點放在列為「美國」的品種，並且思索那究竟是什麼意思。像查普曼這樣的美國人用種子種出那麼多蘋果樹，雜亂無章地進行了大規模的演化實驗，讓舊世界的蘋果實際試驗了數百萬種新的遺傳組合，同時適應了蘋果樹如今所在的新環境。每次有蘋果沒發芽或在美國土壤中茁壯，每次美國的冬天殺死一棵樹，或五月的霜凍壞了芽，演化就投下選票，而這場大篩選中活下的蘋果，就變得美國化了那麼一點。

當時，這個挑剔的果樹栽培者投下了有點不同的一票。一片無名釀酒蘋果之間生長的蘋果樹，一旦顯得突出（特別健壯，果皮紅，滋味絕佳），就會立刻得到命名、嫁接、發表、繁殖。透過這同步天擇與文化選擇的過程，蘋果吸取了美國的精髓——土壤、氣候與光，以及國民的欲望和品味，可能甚至還有少許美國原生的歐洲野蘋果基因。不久，這些特質都將成為美國蘋果不可或缺的一部分。

◆ ◆ ◆ ◆ ◆

約翰．查普曼開始往返中西部各地做生意之後，美國見證了又稱「蘋果大熱潮」（Great Apple Rush）的時刻。人們尋遍鄉間，想找下一種冠軍蘋果。發現喬納森蘋果、鮑德溫或格蘭姆斯金蘋果（Grimes Golden）能讓美國人發一筆財，甚至得到一些名聲。所有農人照顧蘋果園時，都在留意大發利市的機會，找到能大賣的蘋果。「所有野蘋果灌木都像野孩子一樣激起我們的期待。」梭羅寫道，「那野孩子或許是王子喬裝的。這是多好的一課！……詩人、哲學家和政治家就這樣從鄉間牧地中冒出頭來，長久存續於眾多缺乏創見的人之上。」

全國大舉搜索果樹界的天才品種（一般認為機率是八萬分之一），得到了整整幾百個新品種，包括我當時在嚐的大部分品種。不過我可以說，不是所有查普曼的孩子都風味出色——那天早上我摘的許多蘋果都很酸澀。狼河（Wolf River）這方面特別令人難忘。狼河有著特別不新鮮的五爪蘋果那種口感如溼鋸屑般的黃色果肉，外表卻沒有一絲五爪蘋果的美感。

在蘋果實生苗的全盛時期，美國人發現的蘋果特性數量驚人，尤其是許許多多的特性已消失在之後的歲月中。我發現一些蘋果嚐起來像香蕉，也有些像西洋梨。有些有香料味，有些甜膩，有些像檸檬一樣酸爽，有些像堅果一樣濃郁。我摘過重達半公斤的蘋果，也有些很結實，小到能放得進小孩的口袋。這裡有黃蘋果、綠蘋果、斑斑點點的蘋果，粗褐蘋果、條紋蘋果、紫蘋果，甚至近乎藍色的蘋果。有些蘋果像半拋光，有些臉頰上有粉霧般果蠟。其中有些蘋果的特性我完全不懂，但曾經對人們非常重要——例如三月比十月甜的蘋果，特別適合做成蘋果酒、蜜餞或果醬的蘋果，可以儲存半年的蘋果，能逐漸成熟而避免生產過盛的蘋果，或一次全都成熟讓收成更方便的蘋果，果梗長或短、果皮薄或厚的蘋果，在維吉尼亞州才美味無比的蘋果，需要新英格蘭的寒霜才會變完美的蘋果，八月紅起來的蘋果，拖到冬天才成熟的蘋果，還有蘋果甚至能在桶底待六星期，等船開到歐洲重見天日時才變得鮮豔香脆，足以在倫敦以頂級的價格賣出。

還有這些蘋果的名字！充斥著十九世紀美國的氣息，美國驕傲的地方自我吹捧、毫不掩飾的誇大炒作、古怪直率的特質。有些名字的目的就是為了形容，時常借助精心挑選的比喻——綠如玻璃瓶的瓶綠、羊鼻子、牛心、黃風鈴草、黑色紫羅蘭、二十盎斯。有些名字滿懷對家鄉的驕傲，像是威斯菲絕品、哈巴茲頓無雙、羅德島青蘋果，以及奧伯馬蘋果（不過這品種在比較靠近紐約州新鎮的地方稱為翠玉）、約克皇家、肯塔基紅紋、賓州長梗、田納西女士最愛、湯普金斯郡之王、肯塔基桃和美國超群。有些名字是在表揚功臣（或我們認為的功臣）——像是鮑德溫、麥肯塔許、喬納森（紅玉）、邁克菲紅蘋果、諾頓甜瓜、莫耶金選、馬茲格的卡爾維爾、柯克小皇后金蘋果、凱利白蘋果和沃克美人。此外還有蘋果是以特點來命名，像是威斯默甜點、雅各的甜美冬日、早收蘋果、釀酒蘋果、曬衣場蘋果、麵包起司、康乃爾實惠、普特南實惠、天堂冬日、斐恩耐久和海伊冬酒。[3]

我們還會為哪些水果取名？幾個西洋梨品種、一兩個著名的桃子品種確實有名字，但歷史上沒有其他水果能像查普曼與他那一類人所種下的十九世紀蘋果一樣，得到那麼多家喻戶

3 此處列舉的蘋果英文名稱如下：瓶綠（Bottle Greening），羊鼻子（Sheepnose），牛心（Oxheart），黃風鈴草（Yellow Bellflower），黑色紫羅蘭（Black Gilliflower），二十盎斯（Twenty-Ounce Pippin），威斯菲絕品（Westfield Seek-No-Further），哈巴茲頓無雙（Hubbardston Nonesuch），羅德島青蘋果（Rhode Island Greening），奧伯馬蘋果（the Albemarle Pippin），翠玉（Newtown Pippin），約克皇家（York Imperial），肯塔基紅紋（Kentucky Red Streak），賓州長梗（Long Stem of Pennsylvania），田納西女士最愛（Ladies Favorite of Tennessee），湯普金斯郡之王（King of Tompkins County），肯塔基桃（Peach of Kentucky），美國超群（American Nonpareille），鮑德溫（Baldwin），麥肯塔許（Macintosh），喬納森（紅玉）（Jonathan），邁克菲紅蘋果（McAfee’s Red），諾頓甜瓜（Norton’s Melon），莫耶金選（Moyer’s Prize），馬茲格的卡爾維爾（Metzger’s Calville），柯克小皇后金蘋果（Kirke’s Golden Reinette），凱利白蘋果（Reinette, Kelly’s White），沃克美人（Walker’s Beauty），威斯默甜點（Wismer’s Dessert），雅各的甜美冬日（Jacob’s Sweet Winter），早收蘋果（Early Harvest），釀酒蘋果（Cider Apple），曬衣場蘋果（Clothes-Yard Apple），麵包起司（Bread and Cheese），康乃爾實惠（Cornell’s Savewell），普特南實惠（Putnam’s Savewell），天堂冬日（Paradise Winter），斐恩耐久（Payne’s Late Keeper）和海伊冬酒（Hay’s Winter Wine）。——編註

曉的名字，那麼多名流！和運動聯隊或政客一樣，這些品種都有自己的支持團體，包括少數死硬派，會帶你去那蘋果最早生長的半聖地（那位置時常有紀念碑標示），詳述那蘋果的演變史，故事時常令人驚奇，述說當初那蘋果的非凡特質如何完全偶然地被人發現，差點遭人忽略，然後終於得到應得的肯定。

有個故事是說，勘查員在波士頓一道運河旁發現一棵鮑德溫蘋果，也有故事說，農人發現鄰家男孩每年冬天被某棵樹的落果吸引，原來那是約克皇家蘋果，「耐久之王」。此外還有一株頑固的實生苗，可能稱得上是神奇了，在傑斯・海亞特（Jesse Hiatt）位於愛荷華州秘魯（Peru）的果園行間不斷冒出頭來，除也除不盡，直到這個貴格會的農人覺得那想必是徵兆，於是讓小樹活下來，開花結果後發現那果實絕對是他嚐過最美味的蘋果。海亞特把那棵樹取名為鷹眼，一八九三年寄了四顆到密蘇里州路易斯安納（Louisiana）的史塔克兄弟苗圃（Stark Brothers Nurseries），而C・M・史塔克把第一名給了鷹眼，取了耀眼的新名字：五爪蘋果（Delicious）。（史塔克是天生的行銷好手，他把那名字寫在一張紙上，放在口袋裡多年，等著對的蘋果出現，贏得這個名字。）可惜傑斯・海亞特的參賽卡在一片喧鬧中不知怎麼遺失了，導致一場長達一年的瘋狂搜尋行動，尋找世上最受歡迎的蘋果。

大概有幾十個蘋果故事多少屬於這一類，是水果扶搖直上的寓言，把一種優異樹木連結到特定的美國人和地方。這寓言故事證明的不只是美國土地「成果豐碩」（借亨利・沃德・畢奇爾的妙語），也證明了美國人本身具有把握良機的眼光，看得出美國價值最後會勝出。不知怎地，這水果已變成美國夢的光明象徵。

但為什麼是這種水果呢？畢奇爾本人說，因為蘋果是「真正共和的水果」。蘋果樂於生長在幾乎所有地方，「不論遭到忽略、傷害或拋棄，都能照顧自己，成果豐碩。」以美國作家為名的何瑞修．阿爾傑蘋果（Horatio Alger）發跡於十九世紀的一座實生苗果園，某方面來說也是「白手起家」，許多植物可沒這本事。厲害的玫瑰是精心育種的結果，刻意讓高貴親代（育種者的術語稱作「精英品系」）進行雜交。厲害的蘋果就不是這樣了，不靠出身或育種，就能在「芸芸眾生」中脫穎而出。美國果園（至少是強尼蘋果籽的果園）是繁榮而成果豐碩的功績主義，其中所有蘋果籽都在同樣的土壤裡生根，而實生苗不論源流或傳承，都同樣有機會壯大。

蘋果的植物學（實生苗偏偏就不像親代）很符合美國的成功故事，也因此，蘋果的歷史是個人英雄的歷史，而不是群體、類型或家系的歷史。因為有（至少曾經有）一棵金冠蘋果樹，此後名為金冠蘋果的所有蘋果樹都是嫁接的複製品。直到一九五〇年代，初代金冠蘋果一直站在西維吉尼亞州克萊郡（Clay County）一座山坡上，在裝了防盜器和掛鎖的鐵籠裡度過黃金年代。（C．M．史塔克的弟弟保羅．史塔克〔Paul Stark〕一九一四年以當時的天價五千元買下那棵樹，為了公關噱頭而架設了籠子。）今日，大理石紀念碑標示了原本初代五爪蘋果生長的地點，就位於傑斯．海亞特在愛荷華農場的那一排排樹之間。這兩個品種和其他眾多的巨頭都曾在美國園藝師安德魯．傑克森．唐寧（Andrew Jackson Downing）所稱「年輕的美國果園」裡漫步。

那麼，現在還有哪個原生植物狂熱分子膽敢挑戰這些蘋果樹自稱美國樹的權力呢？這些蘋果樹的祖先或許是在半個地球外演化出來的，但至今經歷的文化適應過程和種下它們的人幾乎一模一樣。其實，蘋果比人類更進一步，因為它們為了在新世界再造新生，而把基因重新洗牌。

這些美國蘋果之後以遙遠的土地為家（金冠蘋果今日在五大洲都有種植），不過其他大多只在美國茁壯，有些只適應在單一地區生長。例如喬納森（紅玉）蘋果，在美國中西部臻至完美（有點令人訝異，因為喬納森是在哈德遜河谷發現的）。我猜測，喬納森在英國或哈薩克這些祖先的原產地會格格不入，就像我的祖籍是俄國，但我在俄國會格格不入。自然史的箭頭不會反轉——現在喬納森已經和我一樣美國了。

◆ ◆ ◆ ◆ ◆

約翰・查普曼促成的美國蘋果黃金年代，如今僅在日內瓦果園延續了下去，其他地方卻已失去往日榮景。其實，新成立的美國果園裡，少數有商業重要性的蘋果稱霸，從前的巨頭（強尼蘋果籽的蘋果籽實際與象徵上的後代）全都因此而滅絕了；日內瓦果園之所以存在，正是為了保存那些蘋果。此外還有另一個原因是現代人對於何謂甜味，看法已經變得狹隘而侷限。蘋果原本多樣性驚人，但在世紀之交發生了一次相當殘酷的篩選。當時，禁酒運動迫使蘋果酒地下化，砍倒了美國的蘋果園，而蘋果園正是野性的保留地，以及蘋果獨特的多樣化特質肆意滋生之地。「一天一蘋果，醫生遠離我」，多少拜這句行銷口號之賜，美國人不喝蘋果，而是開始吃蘋果。大約同個時期，冰箱造就了全美的蘋果市場，而蘋果業聚在一起，決定最好簡化市場，只種植、推銷少數幾種商標品種。那市場並不需要十九世紀蘋果包含的各式各樣特質。這些特質之中，現在重要的只有兩種——美觀和甜。總的來說，蘋果美觀，指的是紅得均勻，現在就連最好吃的蘋果也會因為褐皮而不受青睞。

至於甜，這字在隱喻上的複雜回響至今已經變得單調，主要是因為廉價的糖容易取得。原本是複雜的欲望，卻成了單純的渴望——嗜甜。現在蘋果的甜指的是糖分，僅此而已。在甜味唾手可得的文化中，蘋果現在得和超市裡所有甜點競爭；就連讓蘋果甜味多點深度的那點酸，都已經失寵。[4]就這樣，五爪蘋果和金冠蘋果（這兩個品種只因史塔克兄弟的行銷天才而扯上關係，他們正是為這兩個品種命名和申請商標的人）這兩品種的蘋果與其無比的甜味，最後稱霸了現在嫁接單一作物的廣大美國果園。蘋果育種者陷入和垃圾食物的甜味軍備競賽，十分依賴這兩種蘋果品種的基因——過去幾年培育出的熱門蘋果大多都有它們的基因，包括富士蘋果和加拉。因強尼蘋果籽的贊助而蓬勃發展的蘋果多樣性已被淘汰成幾個品種，符合我們對甜與美極其狹隘的概念。幾千種蘋果性狀，以及編碼這些性狀的基因，已經隨之絕跡。

所以日內瓦果園才是一座博物館。日內瓦果園園長菲爾．弗斯林和我走向果園最遠的一角，想讓我看個不尋常的東西。他在路上跟我說：「今日的商業蘋果只是蘋果屬基因庫的一小部分。」弗斯林是五十多歲的高瘦園藝家，有一雙耀眼的北歐藍眼睛和沙褐色的頭髮，頭髮開始灰白了。「一世紀前，市面上有幾千個品種，現在我們種的蘋果大多都出自同樣的

4 翠玉蘋果（Granny Smith）是一八六八年一位史密斯夫人在澳洲發現的，是相對酸澀的青蘋果，有點特立獨行，不過能存活下來大概要歸功於其烹飪上的特性、顏色，而且幾乎撞不壞。——作者註

五、六個親代——五爪蘋果、金冠蘋果、喬納森、麥肯塔許和寇氏橙蘋果（Cox's Orange Pippin）。育種者不斷去同一口井汲取，而那口井愈來愈淺了。」

弗斯林投身於保存與擴展蘋果的遺傳多樣性。他深信，蘋果的現代歷史（尤其是在廣大的果園裡種植無性生殖的品種，且種植品種愈來愈少的這種做法）讓蘋果變成不太健康的植物，而這也是現代蘋果比其他糧食作物需要更多殺蟲劑的一個原因。弗斯林的解釋如下。

荒野裡，植物和害蟲不斷共演化，跳著抗性和征服之舞，舞中沒有永遠的勝利者。不過嫁接果樹的果園裡，那些樹的基因代代相同，共演化停止運作了。問題很簡單，蘋果樹不再像萌芽長大的樹那樣行有性生殖，而自然正是藉由性，來產生新的遺傳組合。在此同時，病毒、細菌、真菌和昆蟲卻非常堅持有性生殖，繼續演化，最後得到恰到好處的遺傳組合，能克服蘋果一度擁有的抗性。突然間，害蟲看到了完全的勝利——除非人類揮舞著現代化學的工具，前來拯救蘋果樹。

換句話說，馴化蘋果這事已經做得過頭了。蘋果終究必須在自然中存活，但就連適應自然的能力也岌岌可危。蘋果縮減成幾個無性繁殖系，基因相同而合我們口味、適合農業栽培，卻失去了有性生殖所賦予的那種至關緊要的多樣性，那種野性。

弗斯林解釋，「解決辦法是我們以人工方式幫助蘋果演化」，透過育種引入新的基因。約翰．查普曼和他那樣的人在新世界播下蘋果種子、為蘋果的性狂歡背書，促成了這座果園裡的無數新品種。一個半世紀之後，恐怕又需要另一波遺傳洗牌了。正因如此，才需要盡可能保存更多不同的蘋果基因。

我們走過長排的古老蘋果樹，邊走邊品嚐。弗斯林說：「這是生物多樣性的問題。」我習慣以野生物種的角度來思考生物多樣性，不過我們仰賴的馴化種如今也仰賴我們，而那些馴化種的生物多樣性，重要性不亞於野生物種。每次蘋果的一個老品種不再有人栽培，就有一組基因（也就是一組滋味、顏色與口感的特性，以及耐寒與抗蟲特性）從地球上消失。

任何物種最大的生物多樣性，通常是在最初演化出來的地方——也就是自然最初實驗蘋果或馬鈴薯、桃子可以成為什麼樣貌的地方。植物學家稱那樣的地方為「多樣性中心」。拿蘋果來說，多樣性的中心在哈薩克。過去幾年，弗斯林致力於保存他和同事在哈薩克森林收集的野蘋果基因。弗斯林前往那地區幾次，帶回數以千計的種子和插條，在日內瓦果園種成長長的兩排。那些蘋果樹遠比強尼蘋果籽所種下的還要古老、野性，而弗斯林想讓我看的正是那些樹。

◆ ◆ ◆ ◆

一九二九年，偉大的俄國植物學家尼古拉．瓦維洛夫（Nikolai Vavilov）首先發現了哈薩克境內阿拉木圖（Alma-Ata）周圍森林裡野蘋果的樂園。（不過那對當地人可能不是新鮮事了——畢竟阿拉木圖的意思是「蘋果之父」。）他寫道：「城市周圍可以看到山麓覆蓋了一片遼闊的野蘋果林。可以親眼看到這美麗的地方就是人類栽培蘋果的發源地。」瓦維洛夫最後淪為史達林完全揚棄遺傳學的受害者，一九四三年餓死在列寧格勒的監獄中，直到共產主義垮台，科學界才得知他的發現。一九八九年，瓦維洛夫碩果僅存的學生——生物學家阿馬克．詹加列夫（Aimak Djangaliev）邀請一群美國植物學家來看他在蘇維埃政權下漫長的歲月裡非常低調研究的野蘋果。詹加列夫已經八十歲了，他希望美國人能幫忙，從阿拉木圖蔓延到周邊丘陵的一波房地產開發中，拯救新疆野蘋果的野生林。

弗斯林和他同事驚訝地發現這整片森林中的蘋果，三百歲的蘋果樹高達十五公尺，粗壯如櫟樹，有些樹結的蘋果像現代的栽培種一樣又大又紅。「就算在城鎮裡，人行道裂縫也會冒出蘋果樹。」他回憶道。「看著這些蘋果，會很確定自己正看著金冠蘋果或麥肯塔許的祖先。」弗斯林決定盡可能拯救這些種質（germ plasm）。他確信在哈薩克的野蘋果中可以找到抗病、抗蟲害的基因，以及超乎我們想像的蘋果品質。由於如今野蘋果在野外的存續已岌岌可危，弗斯林因此收集了上萬粒種子，在日內瓦果園他僅有的空間裡盡可能種下，然後提供剩餘的給世界各地的研究者和育種者。「有人提出要求，我都會寄種子去，只要他們保證種下種子，照顧果樹，然後某天回報給我就好。」野蘋果找到了它們的強尼蘋果籽。

◆ ◆ ◆ ◆ ◆

就在那兒，兩排超級雜亂，怪得前所未見的蘋果。蘋果樹緊緊依偎在一起，走道幾乎無法容納肆意生長的濃密枝葉和果實，更不用說整理了。這些蘋果樹僅僅種了六年。我沒見過實生苗的蘋果園（這年頭很少有人這樣種了），但很難想像其他實生苗果園那麼醉心於多樣性。弗斯林跟我說過，至今帶到美國的所有蘋果基因，大概代表了整個蘋果屬基因組的十分之一。嗯，其餘的都在這裡了。

裡面的樹彼此毫不相似，不論樹型、葉或果實都不同。有些直直朝太陽生長，有些沿著地面匍匐，或形成低矮的灌木，或只是不喜歡紐約上州的氣候，筋疲力竭了。我看到有些蘋果的葉子和椴樹一樣，也有些葉形像瘋狂的連翹灌叢。大概三分之一的蘋果樹結了果——不過都是稀奇古怪的果實，看起來、嚐起來像上帝創造蘋果的初稿。

我看到有些蘋果的色調和重量有如橄欖和櫻桃，長在耀眼的黃色乒乓球和暗紫色莓果旁。我看到各式各樣的棒球，有扁圓、錐狀，也有渾圓，有些鮮豔如內野青草，有些暗淡如木頭。我摘下亮晶晶的大果實，外觀居然和蘋果一模一樣，只是嚐起來……嚐起來是完全不同的東西。想像一口咬進酸澀的馬鈴薯，或包著皮革、有點糊的巴西栗。咬下第一口，有些一開始嚐起來前景可期——好呀，這才叫蘋果！——只是突然就轉成苦味，苦得我回想起來都反胃。

為了讓舌頭別再發苦，我走向附近比較文明的一排，摘了可以吃的東西——我想應該是紅龍蘋果（金冠蘋果和喬納森蘋果雜交的產物），我覺得那是現代蘋果育種的最大成就。那成就可了不起了，能把酸澀馬鈴薯般的東西變得賞心悅目又美味。這整座果園見證了馴化的神奇魔法，見證了我們將大自然最野的果實和文化種種欲望結合起來的本領（我們的酒神本領）。然而現代蘋果的故事也顯示，馴化可能做過頭，人類追求控制自然野性，可能太過火了。馴化其他物種，就要把那物種帶到文化的屋簷下，但是當人們長期依賴太少的基因，植物就會失去自行在戶外生存的能力。一八四〇年代愛爾蘭的馬鈴薯就發生了那樣的事，而現在可能正發生在蘋果身上。

科學家最後在安地斯山脈生長的野生馬鈴薯身上找到抗性基因，讓馬鈴薯免於那種疫病危害；安地斯山脈正是馬鈴薯的多樣性中心。然而我們所在的世界，野生植物生長的野地持續縮減。當野生馬鈴薯和野生蘋果不在了，會怎麼樣呢？世上再厲害的科技也無法創造出新的基因，或重新造出已失去的基因。所以菲爾・弗斯林致力及早拯救、散播各式各樣的蘋果，好的、壞的、不怎樣的，最重要的是野生的。這也正是為什麼所有播下野生種子的人，所有受到約翰・查普曼的精神引領而辛苦勞動的人，都值得珍惜，即使他們有時確實會搞砸，在為好蘋果播種的同時偶爾也散播了幾株臭茴香。最理想的狀況下，我們會保存野地本身——例如哈薩克野外的蘋果家園。不過退而求其次，保存野性本身的特質也很好，那怕是因為馴化正是建立在野性之上（令人意想不到！）。對我們來說，這或許是新鮮事，只是強尼蘋果籽一世紀前已經辦到了；在他之前，還有科學家與戴歐尼索斯。不過我們多幸運啊，野性居然存在於一粒種子中，可以栽培——即使在果園筆直的行列和精準的角度下，都能欣欣向榮。梭羅曾寫道：「野性中保存了世界。」一個世紀後，許多野地都不在了，而溫德爾・貝瑞（Wendell Berry）提出了這必然的推論：「人類文化保存了野性。」

◆ ◆ ◆ ◆ ◆

我從日內瓦果園帶了幾顆野蘋果回家，當時有兩顆紅色大蘋果吸引了我的目光，還有一顆小小圓圓的，不比橄欖大多少。最後這顆怪東西在我桌上擺了幾星期，開始發皺的時候，我用小刀切片，挖出蘋果籽——五粒光澤如黑檀的種子，蘊含著難以想像的蘋果奧祕。誰知道那樣的種子會長出怎樣的蘋果，或蜜蜂把它們的基因和我園子裡鮑德溫與麥肯塔許的基因雜交之後，種子又會生出怎樣的蘋果？那蘋果很可能你不會想吃，甚至看也不想看。但誰又能確定呢？這個賭確實荒謬，但我還是想在我的園子裡留一方園地給一粒野蘋果籽——大概是為了向約翰．查普曼致意吧，不過也單純是想看看會發生什麼事。

雖然期待這野生苗長出甜蘋果或許不實際，但即使它沒有以某種方式讓我的園子變得比現在更甜美，應當也會讓此地變得更豐富。想像一下，這奇形怪狀大肆生長的樹哪裡不長，卻長在一座園子，或許看似蘋果，卻不像尋常的蘋果，每年秋天結出一批無法辨識的古怪果實。在一座園子中央——也就是說，在一片原本就是為了滿足我們欲望而精心設計的景觀之中——這樣的一棵樹最能見證的，是一種頑固而必要的野性。

美國現代主義詩人華萊士．史蒂文斯（Wallace Stevens）的一首詩，寫到田納西州一座山丘上一只普普通通的瓶子能改造周圍的森林。他描述了這極為平凡的人類文物，「到哪都稱雄」，像黑暗中的光一樣主宰了周遭「凌亂的荒野」。不知道種在整齊地景中央的一棵野樹能不能造成相反的結果，我是說，能不能放鬆這座園子緊繃的弦線，讓周圍那些被栽培的植物演奏出自身先天野性的清脆音符……那旋律現在已被消音而變得模糊不清。那樣的樹提醒我們，少了野性，就不會有文明，若沒有相對的澀味，就不會有甜味。

我這座園子的邊界圍繞著一片邁入老年、外型歪曲的鮑德溫蘋果林，樹正逐漸凋零。那些樹是二〇年代建造這地方的農人種下的，當地傳說他拿蘋果發酵成城裡最好喝、最烈的蘋果白蘭地。真要說的話，我那棵原生於哈薩克的蘋果樹如今生長在這些已獲得新名字、經過馴化的後代之間，也會讓這些老鮑德溫嚐起來比現在甜。如果我哪天設法用我的鮑德溫釀了桶蘋果酒，這些無名的野蘋果中有些應該能為蘋果酒增添鮮明而活潑的香調，那樣的奇妙，我引頸期盼。

第二章

欲望：美
植物：鬱金香

TULIPA 鬱金香屬

鬱金香是我的第一種植物，至少是我種的第一種植物。當時我大概十歲，不過之後很長一段時間，我對鬱金香強烈燦爛的美視若無睹。直到四十歲，我才再度能夠好好去看一朵鬱金香。我這麼多年來對鬱金香視而不見的原因，和我小時候種下的鬱金香有關。那些鬱金香應該是「凱旋」（Triumph），高挺、花形圓鈍、顏色鮮豔的球體，大量長在春日地景中的景象相當常見（或常常遭人忽視），宛如許許多多的棍子上連著一團顏料。鬱金香就像其他典型的花朵（例如玫瑰或芍藥），大約每世紀都會改造，反映了我們理想中的美不斷改變，而對鬱金香而言，二十世紀所發生的故事內容主要就是這些大量生產、賞心悅目的花朵如何興起與成功。

每年秋天，我雙親會買一個個網袋裝的球根，網袋中有二十五或五十顆各式各樣的球根，再付我一顆幾便士的錢，要我把球根埋在富貴草之中。他們應該是希望有點樹林般、自然主義的東西，所以把種植鬱金香這種事交給一個十歲男孩——男孩毫無章法的隨意作風，容易得到適當的效果。我會把球根種植器插進已被花草根系盤據的土壤裡扭一扭，最後我掌根發白，長出軟軟的水泡。我邊做邊細心計算，把愈數愈多的球根轉換成便宜硬幣糖或遊戲交換卡。

十月的辛勤投資，保證得到春天第一抹顏色——或者該說第一抹重要的顏色，畢竟黃水仙綻放得更早。不過黃色除了在春天很常見，在小孩眼裡也幾乎算不上一種顏色；紅色、紫色或粉紅才是顏色，而這些顏色，鬱金香都有。當年正逢太空計畫初期，健壯的鬱金香莖梗讓我想起火箭推著笨重、顏色斑駁的酬載，準備升空。

這些鬱金香無疑是兒童會愛的花。鬱金香最好畫，而花色是簡單明瞭的色譜，永遠符合繪兒樂蠟筆的色系。一九六五年前後，這些鬱金香像花園中央的大戲，好取得又單純，給兒童掌握、種植再簡單不過了。不過也很容易厭倦；我在自己園子裡當家作主那時，一道狹窄的蔬菜苗床緊挨著我們農舍的地基，但我已經對鬱金香沒興趣了。當時我自許為年輕農人，沒時間去弄花那樣無意義的東西。

◆ ◆ ◆ ◆ ◆

三個半世紀之前，西方對鬱金香仍然很陌生，但鬱金香掀起一股短暫的集體瘋狂，撼動了全荷蘭，幾乎讓荷蘭的經濟崩潰。在那之前，從沒有一種花（花！）像鬱金香一樣，在一六三四到一六三七年間的荷蘭，在歷史的主要舞台上大放異彩。這插曲是一股投機狂潮，把所有社會階層的人都吸進漩渦中，如今卻只剩下一個新詞——「鬱金香狂熱」，而在那之後幾世紀，這個詞都不曾抹去塵埃，再度出場。除了這個詞之外，還有個歷史謎團：為什麼發生在那裡？在那感情淡漠、節儉的喀爾文教派國家。為何是那時候？那是一段普遍富裕的時期。又為什麼是這種花？冷淡、沒香氣，有點超然，是最不戴歐尼索斯的花之一，比起激發熱情，遠比較可能激起仰慕。

不過不知怎的，我就是知道，我在雙親的富貴草之間種下的凱旋鬱金香和「永恆奧古斯都」（Semper Augustus）有些關鍵的差異。永恆奧古斯都是繁複的紅白羽紋鬱金香，在狂熱的高潮，球根轉手的價格是一萬荷蘭盾，當時這數目能買下阿姆斯特丹一間最豪華的運河屋。永恆奧古斯都已在自然中絕跡，不過我看過一些畫（荷蘭人會委託人繪製他們沒錢買的高貴鬱金香畫像），而現代的鬱金香在永恆奧古斯都旁宛如玩具。

在這一章的書頁間，我想在這兩極之間往復——一邊是覺得花沒意義的孩子氣看法，另一邊則是以荷蘭人為首的那種對花不合理的熱情。男孩的觀點常有一種冷淡的理性重量——這一切無用之美，根本無法以成本效益的角度來合理化。話說回來，美不都是這樣嗎？就像荷蘭人終究會著迷，其實我們其他人（也就是大部分的人類在歷史大多時候）都曾和十七世紀的荷蘭人經歷同樣的不理智，也就是對花的狂熱。所以這種向性對我們與花來說意味著什麼？這些植物的生殖器官，是如何讓自己和人類對價值、地位與情愛的概念交織相連？而我們自古受花吸引的情形，會告訴我們什麼關於美的更深層奧祕？有位詩人把美稱為「完全無償的恩典」。美真是如此嗎？或者美有某種目的？鬱金香是最受喜愛的花之一，卻又奇妙地不討喜；鬱金香的故事似乎正適合尋找那種問題的答案。由於探尋對象本身的特性，這種追尋不會沿直線展開。比較像一條蜜蜂歸巢的最短路線——真正的蜜蜂線，只不過沿途有許多暫停點。

◆ ◆ ◆ ◆ ◆

人確實有可能對花無動於衷——有可能，但不大會發生。精神科醫師把患者對花無感視為臨床憂鬱症的一個症狀。看來如果花朵綻放的非凡美麗都無法穿透一個人腦中黑暗的紗幕或偏執的念頭，那個頭腦與感官世界之間的連結已經損害到危險的程度了。那樣的狀況和鬱金香狂熱恰恰相反，可以叫「花卉倦怠」吧。不過這症候群折磨的是個人，而不是社會。

以我自己的經驗判斷，某個年紀的男孩不論精神健不健康，也會對花毫無興趣。對我來說，要種的只有蔬果，不過即使付我錢，我也不吃那些蔬菜。我對待園藝就像對待某種形式的鍊金術，某種半魔法系統，把種子、土壤、水和陽光變成有價值的東西。畢竟你種不了玩具或碟盤，所以有價值的東西多多少少就意味著糧食。我經營的那座不大不小的農場，顧客只有我母親一人。不論當時或現在，對我來說，晶亮青椒像耶誕飾品般垂掛，或西瓜窩在亂糟糟的西瓜藤中，那樣令人屏息的景象就是美。（之後，我有一陣子對五瓣的大麻葉有一樣的感覺，但那是特例。）有空間的話，種花也無妨，不過有什麼意義？我迎進園子裡的花，正是有意義的花，預示了未來的果實，例如黃白鈕扣般的漂亮草莓花，不久就將膨大變紅，而難看的黃色喇叭宣告著櫛瓜的來臨——這些或許可以稱之為目的論的花。而另一類，為了花而種的花，總覺得是最淺薄的，比葉子沒好多少——我也覺得葉子價值不高，花與葉的存在重要性永遠都不及番茄或小黃瓜。我只喜歡鬱金香開花前夕，花仍然呈一個封閉的囊，彷彿某種沉甸甸的神奇水果。不過花瓣翹起的那天，鬱金香就不再神祕，在我眼中只剩下乾薄無力的脆弱。

話說回來，那時我才十歲。我對美哪有什麼了解？

◆ ◆ ◆ ◆ ◆

除了某些缺乏想像力的男孩、臨床憂鬱的人，以及之後會講到的另一個例外，自從人們開始記錄他們眼中的美麗事物以來，人們總是把「花即是美」視為理所當然。在寶藏中，埃及人確保死者前往永恆國度的旅途中帶著花，金字塔中發現其中幾種神奇地保存了下來。顯然所有偉大的古文明都寫下了花與美的等式，不過有些人（最著名的是猶太人和早期的基督徒）致力於反對頌揚花之美，也反對使用花。猶太人和基督徒不贊同用花，不是因為對花的美視若無睹；恰恰相反，是為了要熄滅異教徒自然崇拜的餘燼。熱愛花卉挑戰了一神論。不可思議的是，伊甸園沒有花——應該說，創世記寫下的時候，伊甸園的花被抹除了。

全世界在歷史上對花之美的共識，我們總覺得名正言順，毫無爭議。但想想，大自然中不用人類建構就存在的美比較少——日出、鳥的飛羽、人類臉孔和身形，還有花——可能還有別的，但不多了。由此可見，這樣的共識可不簡單。直到幾世紀前，山還很醜，十六世紀詩人多恩（John Donne）稱山為「大地上的疣」，反映的是一般共識。而森林則被認為是撒旦「可怕」的出沒之地，直到浪漫畫洗刷了森林的汙名。花也有它們的詩人，不過花需要詩人的原因一向不大相同。

英國人類學家傑克．古迪（Jack Goody）研究了花在全世界古今中外大多數文化中扮演的角色，人對花的愛幾乎（但不全然）放諸四海皆準。「不全然」指的是非洲，古迪在《鮮花人類學》（*The Culture of Flowers*）中寫道，在非洲宗教儀式或日常社交儀式中，花幾乎沒有立足之地。（早早和其他文明接觸的非洲地區例外——例如信奉伊斯蘭教的北非。）非洲人很少種植馴化的花朵，而非洲藝術或宗教中也很少出現花卉形象。非洲人說到或寫到花的時候，顯然著眼於預期會結出的果實，而不是花本身。

非洲缺乏花卉文化，古迪提出兩個解釋，一是經濟，另一個是生態。經濟上的解釋是，在填飽肚子之前，人們沒閒情注意花，成熟的花卉文化是大部分非洲地區歷史上無法負擔的奢侈。生態上的解釋則是，非洲的生態無法長出許多花，至少炫麗的不多。世上馴化的花朵，來自非洲的相對很少，而非洲大陸上花種的分布遠遠不如亞洲甚至北美等地那麼廣泛。比方說，稀樹草原難得遇到花，那裡的花通常短暫綻放，整個乾季不見蹤影。

我不確定該怎麼看待非洲的例子，古迪也一樣。難道花之所以美，是因為觀看的人——是人們建構的，就像山巒之崇高，或我們在森林裡感受到的性靈提升？若是那樣，為什麼那麼多不同的人，在那麼多不同的時間、地點，都創造出了同樣的概念？比較可能的情況是，非洲的案例只是例外，而且還證實了法則。古迪指出，非洲的任何地方只要有人引入花卉文化，都會很快就採納了。或許愛花是所有人都有的偏好，但這偏好卻必須等到環境成熟才能開花結果——直到周圍有許多花，而且夠有閒情停下來聞聞花香。

◆　◆　◆　◆

假設我們確實天生有那樣的傾向——人類和蜂類一樣，本能受花吸引。蜂類天生喜歡花，且這種喜歡有明顯好處，但那樣的傾向對人類有什麼好處呢？

有些演化心理學家提出了有趣的答案。他們的假設無法證實，至少在科學家開始辨識出什麼基因控制了人類偏好之前不行，不過事情是這樣的：我們的頭腦在天擇壓力下發展，讓我們成為更好的採集者，人類在地球上百分之九十九的歲月都是如此。而就連我小時候也知道，有花存在，保證未來有食物。比起視而不見的人，受花吸引的人和可以進一步分辨花、記得地景中哪裡看過那些花的人，會是更好的採集者。神經科學家史帝芬・品克（Steven

Pinker）在《心智探奇》（*How the Mind Works*）中概述了這個理論，據品克所說，天擇注定偏向我們祖先之中那些能注意到花、天生擅長調查研究植物的人——他們能辨識植物、分類、記得那些植物長在哪裡。久而久之，辨識出植物的瞬間會變得令人愉快（很像每次在地景中看見渴望之物時會感到歡欣鼓舞），而那個具有意義的事物也會成為美的象徵。

但如果人們只是天生能辨別果實本身，而忘了花，不是比較合理嗎？或許吧，但辨識、回想起花，能讓採集者比競爭對象更早採到果實。因為上個月我很清楚路上哪裡有黑莓莖開了花，這個月我就更有機會在任何人或鳥之前採到莓果。

我現在大概該說一下，最後這些臆測不是任何科學家的臆測，而是我的臆測。但我確實在想，時間感深深滲透到我們對花的感受中，這難道不重要嗎。我們覺得花轉瞬即逝太殘忍，看著盛開的花朵幾乎免不了預想，或是期待，或是遺憾——這些情況也許其來有自。我們和某些昆蟲可能有共同的向性，使我們偏愛花朵，不過昆蟲看著一朵花時，大概可以不想著過去和未來——人類複雜的念頭也許曾經非常重要，絕非毫無意義的瞎想。花一向有些關於時間的重要事情要教我們。

◆ ◆ ◆ ◆ ◆

我知道這完全是臆測——不過臆測本身有時似乎就是花不可或缺的一部分。我不確定花希不希望這樣，不過花一向承載著我們賦予意義的各種荒謬重擔，重得我不敢說花不希望被那樣對待。畢竟暗示恰恰是天擇設計花來做的事。在我們出現的很久以前，花就已經在傳達自然界中的訊息了。

天擇讓花演化成能和其他生物交流，部署了令人眼花繚亂的設備，包括視覺上的、嗅覺上的和觸覺上的，引起特定昆蟲和鳥類，甚至某些哺乳類的注意。許多花為了達到目的，不只仰賴單純的化學信號，也仰賴跡象，有時甚至仰賴某種象徵主義。有些植物種類甚至模仿其他生物或東西，確保能授粉，或像食肉植物，確保能飽餐一頓。豬籠草為了吸引蠅類進入內部的聖所（讓等在那裡的酵素消化），發展出褐紫紅與白色條紋相間的怪異花朵，除非你恰好覺得腐肉美味，否則一點也不會受到那樣的花吸引。（豬籠草花朵的腐臭味又強化了這個效果。）

蜂蘭屬的花和昆蟲相似得可怕——有些種的蜂蘭像蜂，有些像蠅。維多利亞時代的人認為，這種擬態是為了嚇跑昆蟲，讓花可以貞潔地為自己授粉。他們沒想到，蜂蘭和昆蟲相似，可能正是為了吸引昆蟲靠近。蜂蘭花演化出恰到好處的溝、斑點與毛茸式樣，讓某些雄蟲深信那是雌蟲撩人的背影。植物學家把這導致的雄蟲行為稱作「假交配」，而激起這種行為的花則稱為「賣春婦蘭」。昆蟲瘋狂想交尾，這確保了蘭花能受粉。因為昆蟲愈來愈挫折，會忍不住衝來衝去，一朵接著一朵花爬上去交尾，雖然不能散布自己的基因，卻有效地散播了花的基因。

也就是說：花天生就在進行一種象徵性的交流，因此就連一片草地的野花，也會充滿非人為的意義。搬進花園，意義只增不減，花不再只針對蜂、蝶或蝙蝠模糊的好或美的概念，也針對我們對好與美的概念了。久遠以前的某個時候，花的象徵天賦和我們的象徵天賦相遇，而那結合的成果、神奇的欲望共生，就是花園裡的花。

◆ ◆ ◆ ◆ ◆

我的園子正值盛夏，七月中旬，那地方滿是花，忙碌繽紛，感覺比較像城市的街道，而不是鄉間靜謐的一角。起初這一景只顯示出紊亂不堪的感官資訊：花色與氣味紛呈，配著蟲鳴嗡嗡與葉片窸窣的音樂專輯。但過了一會，個別的花開始變得清晰。那些花是園子的主要角色，各自在夏季舞台輪番短暫擔綱，竭盡所能吸引我們的目光。我有說是我們的目光嗎？其實不只我們——還有其他觀眾，有蜂、蝶、蛾、胡蜂和蜂鳥，以及其他潛在的授粉者。

這時候，古典玫瑰幾乎謝了，只剩下一叢叢疲憊的灌木，夾雜著像丟棄的衛生紙般淒涼的殘花。不過玫瑰和茶香玫瑰仍然豔光四射，吸引關注。豆金龜纏在花瓣間，看似醉了，熱切地進食、交配，有時同時有三、四隻一起，那景象很有羅馬風格，讓花變得狼藉。園子小徑更深處，萱草像狗兒一樣往前傾身相候，小小的胡蜂接受邀請，爬進花朵管狀的下部尋找花蜜；事後，蟲子像酒吧走出的醉漢一樣，踉蹌爬出來。不過牠們飛入空中之前，會推擠精巧的勺子狀雄蕊，沾上花粉，之後撒到其他花的雌蕊上。[1]

多年生花床上，綿毛水蘇的花穗形成低矮柔軟的灰色森林，彷彿被浸泡到一桶蜂群之中——花穗上滿是蜂，翅膀比花瓣還多，整個花序因蜂的關注而顫動不已。那後面的高處，博落迴吐出團團的小白花，仔細觀察會看到繁複的絨毛，蜜蜂對那毫無抵抗力，看起來就像在空氣中和花朵間游泳。香豌豆魅惑地延伸細瘦的莖，但蜂除非撬開緊閉的唇瓣，否則無法獲准進入花裡；這種矜持嬌羞的結構造成某種錯覺，讓人覺得滿足的是蜂的欲望，而不是香豌豆的。

蜂！蜂會任自己被引誘到最荒謬的境地，熱衷地像豬隻一樣探索薊草濃密的紫色毛刷，徒勞地在一株芍藥那有如蛇髮女妖長了金髮般的雄蕊叢周圍翻來滾去——蜂讓我想起奧德修斯的船員受到女巫瑟西奴役。在我眼裡，蜂似乎迷失在傳遞性快感之中，但那當然只是投射。這花與蜂的熱情擁抱，讓人在理解授粉前一千年就想到性，不過確實和性有關。這只是偶然（難道不是嗎？）。植物學家稱蜂為「飛行的陽具」，不過除了少數花朵（例如賣春婦蘭），至少對那蜂而言真的和性無關，無關到即使牠們是陰莖，也是不知情的陰莖。話說回來，蜂確實看起來無法自已；確實可能是這樣，不過大概是因為甜甜的花蜜，或花有時利用某種量身訂做的藥物來讓蜂分心。也可能牠們只是沉迷工作，誰知道呢。

我一直緊盯著蜂眼中的場景，不過花的視角當然會顯示人類的欲望在園子裡也一樣不容忽視。其實那地方充斥的物種，是特地演化來吸引我的目光，而且常常犧牲了受粉的能力。我想到那些為了讓花朵更華麗，或開出雙色、顏色不可思議的花而犧牲了氣味的所有物種，但是美的理想在授粉者的世界裡卻很可能不受青睞，那世界有時不是由眼睛主宰。

對許多花來說，現在的一生摯愛是人類。那些往前傾身相候的萱草呢？它們的面孔其實朝向我們，我們的喜惡現在比任何蟲子更能確保它們成功。雄蕊像淫穢陰部的芍藥呢？要怪就怪中國人吧——幾千年來，中國詩人在花園裡區分陰與陽的化身，把芍藥花比作女性的性

1 雖然很多花和萱草一樣兼具雄性與雌性器官，卻會盡可能避免自花授粉。自花授粉違反花的意義，畢竟異株受粉能確保基因混合。花可以利用化學（讓胚珠和花粉粒不相容）、建築學（花裡雄蕊和雌蕊的排列方式，能避免接觸）或時間（錯開雄蕊產生花粉和雌蕊接納花粉的時間），避免自花授粉。——作者註

器官（而蜂或蝶比作男性的），久而久之，中國芍藥在人擇下演化了，滿足了那種其實無關的曲喻（conceit）。就連某些中國牡丹的香氣也很女性化，一股花香帶了絲鹹汗味；牡丹聞起來不大像瓶裡的香水，倒像沾染到人皮膚上一陣子的香氣。或許還能吸引蜂類，但現在，那香氣要激發的對象該是我們的腦幹。

◆　◆　◆　◆　◆

我穿過這片明亮的地景，努力分辨百花齊放的花園與一片普通的自然之間有什麼差異。首先，在開花的花園，你的感官立刻會充滿資訊，訊息量其實和大都會一樣繁多。那是奇妙地熱絡、公開的場合，物種在其中急於表現親切；生物盛裝打扮，挑逗、翩翩飛舞、造訪。相較之下，周圍的森林和田野是遠比較不活躍的區域，穩定地發展出單調的綠意，許多花並不顯眼，或生命短暫，許多植物顯得孤僻，拒絕與其他物種結盟，只管自己的事。當然了，那些「自己的事」主要是光合作用，自然例行的勞動工事。有性生殖也會發生，不過沒什麼好看的——誰會注意到針葉樹哪時候釋出花粉隨風飄散、蕨類釋出迷你孢子呢？四月到十月，這裡每天看起來都差不多。僅有的一點美，也大多不經意、無目的，很低調。

走進花園，甚至走進開花的草坪，地景立刻變得生氣勃勃。嘿，今天這邊怎樣啊？就連最遲鈍的蜂或男孩都能感覺到，有情況，有特別的情況。姑且稱之為美的悸動好了。自然界的美，時常伴隨著性——想想鳥羽，或遍及動物界的求偶儀式。「性擇」是指演化偏好能提高動植物吸引力並進而提升生殖成功率的性狀。而性擇最能解釋羽毛與花（甚至跑車和比基尼）這些除了繁殖之外並無意義的奢侈品。至少在自然裡，美的代價通常有性來彌補。美和好之間可能有關聯，也可能沒有，不過美和健康之間很可能有關。（我想，以達爾文主義的角度來看，這樣算是好的吧。）演化生物學家相信，許多生物身上的美是健康的可靠指標，因此靠著美來選擇配偶完全有理。借用一位科學家的說法，華麗的鳥羽、光澤的毛髮、對稱的特徵是「健康的憑證」，昭告這生物帶著抗害蟲的基因[2]，沒有生存壓力。令人驚豔的尾羽是代謝的奢侈品，只有健康鳥類能負擔。同樣的，酷炫的跑車是財務奢侈品，只有成功人士負擔得起。在人類這個物種中，美的理想時常和健康相關，例如在時常有人餓死的時代，人們就會覺得體脂肪美觀。（不過目前偏好的模特兒膚色慘白、竹竿腿，顯示文化能無視演化規則。）

那麼植物呢？植物不是無法選擇配偶？蜂類替植物做選擇，但蜂究竟為何要在乎植物的健康？其實蜂不在乎，只是無意間獎勵了健康的植物。最健康的花，才能負擔最奢華的展示和最甜的花蜜，因此確保有最多蜂類來訪——故而有最多的性、最多後代。所以某方面而言，花確實會依據健康來選擇配偶，但是仰賴蜂來代理自己。

◆ ◆ ◆ ◆ ◆

2 在鳥類中，最容易有寄生蟲的鳥種，羽毛最奢華——很可能是因為這些鳥最需要展現牠們的健康。——作者註在花和羽毛出現前，也就是性擇的軍備競賽上演之前，整個自然界都是工廠。雖然有美，卻不是刻意的美——從前的美，像森林或山巒的美，都只存在於旁觀者的眼中。

如果想編造美（至少是設計過的美）之起源的新神話，從園子這裡、從花之間開始還不錯。從花瓣開始，美的第一原則——和周遭形成對比，就顯露在花瓣中。在這裡，此原則是以顏色展現。四面八方皆是綠意，令眼睛平靜，但眼睛在注意到差異時會亮起來。原本一般認為蜂有色盲，但蜂其實看得到顏色，只是眼中看到的顏色和我們不同。綠色看起來是灰的，是背景色調；而紅色在蜂眼中是黑色，最清晰醒目。蜂也看得到光譜的紫外光那端，而我們看不見。夜裡散發紫外光的花園想必像大城市的機場，燈光通明、有各種顏色代碼，能引導盤旋的蜂抵達花蜜與花粉的著陸區。

無論是蜜蜂或男孩，注意力都會被花瓣的顏色喚醒，並留意接下來的事物，那就是形狀或圖案——也就是美在已知世界的第二個轉折。在一片混亂的綠色背景前，對比色本身可能也是某種意外（比方說一根羽毛或快枯死的葉子），但對稱性出現時，則是有正式條理（目的，甚至是意圖）的明確跡象。對稱是確定無疑的徵兆，表示那裡有重要資訊。具有對稱這種特質的東西在地景中比較少，所以全都能引起我們熱切關注。自然界中對稱物體的入圍名單，包括其他生物、其他人（尤其是其他人的臉孔）、人工製品和植物……不過主要是花。對稱也是生物健康的徵兆，突變和環境壓力很容易破壞對稱。所以注意對稱的事物很有道理——對稱通常有意義。

蜂也一樣。我們怎麼知道呢？因為對稱對植物而言很奢侈（相較之下，動物若想要直線前進，就少不了對稱），要不是有蜂獎勵植物的努力，天擇很可能不會大費周章。詩人兼評論家弗雷德里克・透納（Frederick Turner）寫道：「花的顏色和形狀，精準地記錄了蜂覺得有吸引力的特性。」他進一步指出：「若因為蜂是比較原始的生物，就假定……花帶給我們和牠們的喜悅之間沒有共同點，這就是犯了矛盾的人類中心主義錯誤。」

不過，如果花帶給蜂與人的喜悅有共同的根源，那麼花之美的標準很快就會開始特化並出現分歧——而且不只是蜂與男孩之間，蜂與蜂之間也會如此。因為不同類的蜂，看來會受不同的對稱性吸引。蜜蜂偏好雛菊、苜蓿花和向日葵的輻射狀對稱，胡蜂比較喜歡蘭花、豌豆和毛地黃的兩側對稱。[3]

花藉著花色和對稱，藉著美的這些最基本原則，也就是對比和圖案，讓其他物種留意花卉的存在與意義。走過花間，會看到面孔轉向你（雖然不是只轉向你一人），向你招手、打招呼、告知、承諾——向你傳達意義。從此事情開始變複雜了，蜜蜂發展出牠們美的準則，胡蜂也發展出自己的。然後，我們踏進植物與授粉者的這場盛大舞會中，讓花的意義複雜到無以復加，用花的生殖器來比喻我們自己的生殖器（以及其他種種事物），這件事吸引著、推動著花的演化，一路朝阿爾地夫人玫瑰（Madame Hardy）或永恆奧古斯都鬱金香那樣非凡、奇特、不穩定的美麗而去。

◆ ◆ ◆ ◆ ◆

3 不論哪種情況，對稱愈完美，花愈健康。——作者註世上有花，但有些花非同凡響，是花中之花——我是指，整個文化都圍繞著那些花而興起，背後有整個帝國的歷史，花的形態、顏色和氣味，以及本身的基因，像偉大的著作一樣，反映了漫長歲月中人類的想法和欲望。要求植物承擔人類千變萬化的夢想，是很高的要求，或許正是因此，只有一小部分的花證實自己適應力夠強、夠積極，願意擔起這個重任。玫瑰顯然是那樣的花，芍藥（尤其在東方）也是。蘭花當然夠格，此外還有鬱金香，可能還有其他幾種花（百合也可能入列？），不過這少少幾種一向是我們的花卉中最經典的存在，是植物界的莎士比亞、彌爾頓和托爾斯泰大文豪，多產而千變萬化。這些篩選過的花夥伴在流行的變遷中存活了下來，成為無可忽略的王者。

那麼，這些花和一般迷人的雛菊、石竹與康乃馨有什麼區別，和漂亮的野花大軍又有什麼區別？或許最重要的是，這些花形形色色。有些花好是好，但就是本來那個樣子，個性單一，即使特性不是完全固定不變，也只能產生些許簡單的變化——例如色調或花瓣數量。儘管去刺激、人擇、雜交、改造，但紫錐花或蓮花能辦到的就那麼多了。流行風潮很容易看上那樣的花一陣子，然後拋下（像是莎士比亞時代的石竹，或維多利亞女王時代的風信子），因為花原本的形象過時之後，無法被重製成某種新的形象。

相較之下，玫瑰、蘭花和鬱金香能創造奇蹟，不斷改造自己，適應美學或政治氣候的所有變化。玫瑰在伊莉莎白時代奔放而令人陶醉，又被迫為了維多利亞時代的人而收斂，變得拘謹。荷蘭人決定花之美的典範是鮮豔對比色的大理石紋漩渦之後，荷蘭人的鬱金香花瓣變成奢華的「羽狀」和「火焰狀」。但之後，等到英國人在十九世紀大肆追求「花毯」，鬱金香又認份地讓自己變成調色盤，裝滿最鮮明、最飽滿的純顏料色塊，適合大量展示。這些種類的花，欣然承載我們最古怪的想法。當然了，它們願意參與人類文化的變動遊戲，證實是聰明的成功策略，因為比起人們對玫瑰與鬱金香產生興趣之前，今日的玫瑰和鬱金香多了不少，出現在遠比較多的地方。對花而言，想稱霸世界，就要借助人類不斷改變的「理想中的美」。

◆ ◆ ◆ ◆ ◆

鬱金香屬於這群高貴花卉，這並不那麼顯而易見。這很可能是因為在現代的樣貌中，鬱金香變成極為單純、缺乏深度的花，而過去遠不止如此的豐富歷史，幾乎都已佚失。玫瑰與芍藥的歷史形態和現代樣貌同時存留了下來（都是因為這些植物極為長壽，而且能永遠複製下去）。相較之下，我們唯有透過土耳其、荷蘭和法國人的畫和植物學插畫，才能稍微理解鬱金香在他們眼中為何很美。那是因為不受青睞的鬱金香很快就會絕跡，因為它的球根不一定年年都能穩定成長開花。一般來說，除非頻繁地重新栽植，否則一個品系無法延續，所以一系列的遺傳延續性可能在一代內中斷。即使人們確實持續栽種特定的鬱金香，那品種的活力最終也會逐漸衰弱，直到不得不放棄（這些鬱金香是藉著挖出並種植球根的「分蘖」而繁殖，「分蘖」指的是球根基部擁有相同遺傳的小小球根）。今日的育種者忙著尋找新的黑色鬱金香，因為他們知道目前的標竿「夜后」（Queen of Night）大概快下台了。換句話說，鬱金香並非不朽。

◆ ◆ ◆ ◆ ◆

鬱金香不曾出現在中世紀織毯滿是繁花的邊緣，也不曾在早期的「植物誌」中提及——這裡說的植物誌，是舊世界已知植物與用途的百科全書。鬱金香十七世紀在荷蘭（以及熱潮比較輕微的法國與英格蘭）掀起的炙烈熱情，可能和鬱金香在西方的新奇性及突然出現有關。玫瑰是最古老的典型花卉，鬱金香則是最新的。

奧吉爾．吉斯林．德．布斯貝克（Ogier Ghislain de Busbecq）是奧地利哈布斯堡王朝（Hapsburgs）派往君士坦丁堡蘇萊曼大帝（Süleyman the Magnificent）宮廷的大使，據說正是他把鬱金香引入歐洲。一五五四年，布斯貝克一到達君士坦丁堡，就運送了一批球根回西方。鬱金香的英文tulip，是土耳其文turban（頭巾）的變體。鬱金香第一次正式西行，是從一座宮廷到另一座宮廷（畢竟鬱金香是王公貴族喜愛的花），或許也導致鬱金香迅速走紅，因為宮廷的流行一向特別有感染力。

鬱金香不像其他植物那樣，必須先傳遍世界各地，最後才在家鄉受到認可——布斯貝克運送鬱金香的時代，鬱金香在東方已經有自己的一群愛慕者，讓這種花和野外的形態有不小的差距。野外的鬱金香通常是矮小、漂亮、活潑的花，像坦白直率的六瓣星星，基部時常有對比色的誇張汙斑。土耳其的原生鬱金香通常是紅色的，比較少是白色或黃色。奧圖曼土耳其人發現，這些野生鬱金香變幻莫測，任意雜交（而鬱金香的種子苗要七年才能開花，顯現新的顏色），卻又容易突變，產生形態和顏色上的美妙變化。鬱金香易於突變，這被視為自然特別珍視這種花的跡象。文藝復興時期英格蘭醫生約翰．傑瑞德（John Gerard）在他一五九七的草藥誌中寫到鬱金香：「比起我知道的任何花，大自然似乎更愛玩弄這種花。」鬱金香的遺傳變異性確實讓自然（應該說天擇）有大量素材可以玩弄。花發生偶然突變，而自然會留住其中少數有某些優勢的突變——顏色較鮮明、較對稱等等。數百萬年來，那樣的特徵其實是由鬱金香的授粉者（也就是昆蟲）選擇，直到土耳其人出現，開始投下他們的選票。土耳其人直到十七世紀才學會刻意雜交鬱金香，他們盛讚的新鬱金香據說就是這樣「出現」的。達爾文稱那樣的過程為人擇，與自然的天擇相對。不過從花的角度來看，這樣的區分沒差別——植株身上的性狀如果是蜂或土耳其人要的，就會有更多後代。我們雖然妄尊自大地把馴化視為人們對植物做的事，但馴化同時又是植物的策略，利用我們和我們的欲望（甚至我們對美最與眾不同的概念），增進自己的利益。一個物種所在的環境，會決定哪些適應有助益。自然界在野外立刻否決的突變，在人類欲望塑造的環境中卻可能是高明的適應。

在奧圖曼帝國的環境下，鬱金香嶄露頭角最好的辦法，是花瓣長度誇張，尖端細如針。在素描、繪畫和陶藝中，這些修長的花朵彷彿被玻璃工延伸到了極限（土耳其人所處的環境十分不穩定，對鬱金香之美的理想只在藝術中留存下來）。對於這種形態的鬱金香花瓣，最好的比喻就是匕首。受歡迎的奧圖曼鬱金香也必須是純色的，花瓣邊緣平滑，花瓣向內攏起，藏住其中的花藥，而且絕不能「重瓣」——不能像雜交種的玫瑰那樣有大量的花瓣。雖然最後這幾個性狀在原生鬱金香之中並不罕見，不過花瓣變細的現象在野外幾乎不存在，顯示奧圖曼人對鬱金香之美的理想（優雅、尖銳、陽剛）在自然中很怪異，得之不易，而且不會帶來優勢。受人類青睞的動植物性狀，時常使得動植物在野外沒那麼健全。超過某個程度以後，奧圖曼人和昆蟲心目中理想的鬱金香之美，就不再一致了。

十八世紀有一段時間，符合土耳其人理想的鬱金香球根在君士坦丁堡能換取不少黃金。事情發生在一七〇三到一七三〇年，正值蘇丹阿哈邁德三世（Sultan Ahmed III）在位期間，土耳其歷史中的那段時期稱為鬱金香時代（*lale devri*）。蘇丹被熱愛鬱金香的情緒沖昏頭，甚至從荷蘭進口數百萬計的球根，而荷蘭人自己的鬱金香狂熱過去之後，成了大規模生產球根的能手。蘇丹每年的鬱金香盛會過度奢華，最後導致他垮台——國庫鋪張浪費，助長了叛亂，最後終結了蘇丹的統治。

每年春天為期幾週的時間裡，御花園開滿一流的鬱金香，花朵來自土耳其、荷蘭、愛爾蘭，全都盡情展現自己的優勢。鬱金香花瓣如果張得太開，人們會用細線束起。大部分的球根都是定植，此外又補上幾千枝玻璃瓶裡的切花。花園周圍策略性地擺了鏡子，讓場面看起來更盛大。每個品種都擺上銀掐絲的告示牌。每四朵花配一根蠟燭，燭芯修剪到鬱金香的高度，固定在地上。鍍金籠裡的鳴禽提供樂音，數百隻巨大的陸龜背上揹著蠟燭，笨拙地穿過花園，把展示的花卉照得更明亮。所有賓客都得穿上能襯托鬱金香的顏色，在指定的時刻，一座大炮響起，通往後宮的門開啟，而蘇丹的妾在宦官持火把帶領下走進花園。只要鬱金香還開著，只要蘇丹阿哈邁德還能設法保住王位，每天晚上就會重演這整個場景。

◆ ◆ ◆ ◆ ◆

荷蘭的鬱金香能興起，靠的是一名竊賊。最早到達歐洲的鬱金香，有些落入卡羅盧斯·

克魯修斯（Carolus Clusius）手中。克魯修斯是四海為家的園藝專家，在新發現的植物散布到歐洲各地的過程中扮演重大的角色。球根是克魯修斯的專長，貝母、鳶尾花、風信子、銀蓮花、毛茛、水仙和百合等植物的引入與傳播都有他的功勞。鬱金香落入克魯修斯手中，是因為他任職維也納皇家植物園（Imperial Botanical Garden）園長。一五九三年，克魯修斯搬到荷蘭萊頓（Leiden），建立一座新的藥草園時，帶了幾顆球根。

按照園藝作家安娜．帕佛德（Anna Pavord）所寫的鬱金香史，克魯修斯到達萊頓的時候，至少有一座花園已經在默默種植這種花了。克魯修斯對他稀有的鬱金香有一種炫耀的占有欲，以至於讓荷蘭人覬覦鬱金香，他的收集帶來災難性的後果。當時的文獻有段敘述：「沒人能得到這些花，出再多錢也不行。於是有人擬訂計畫，趁夜偷走他大部分最好的植物，而他因此失去繼續培育植物的勇氣與欲望。不過偷走鬱金香的人毫不浪費時間，立刻種下種子增加數量，使十七個省都存貨滿滿。」

這故事有兩個值得注意的地方。首先，遭竊的鬱金香是種子繁殖。鬱金香和蘋果一樣，不會純系繁殖——後代和親代少有相似之處。也就是說，花天生的變異性太高，所以荷蘭的十七省應該「存滿」數量驚人的鬱金香，外觀、顏色都不同。荷蘭人能夠從鬱金香之中培育出如此驚人的多樣性，仰賴的可能是鬱金香的雜交繁殖。鬱金香這種植物學上的珍寶，在十七世紀成了荷蘭人引以為傲的一個重心。提到荷蘭的鬱金香，緊接著就會提到他們無敵的海軍和無人能比的共和自由。

這故事第二個值得注意的地方，是為荷蘭與鬱金香那段漫長、著名而不光彩的關係加上了偷竊的元素。（這不是偷竊第一次或最後一次和新植物出現扯上關係。要不是路易十六的御花園來了一名類似的竊賊，馬鈴薯可能永遠不會在法國發揚光大。）在神話中，偷竊以及隨之而來的羞恥，經常是人類成就的根柢，例如普羅米修斯從太陽盜火，或夏娃偷嚐知識之果。恥辱似乎是成就的普遍代價，尤其是知識或美的成就。至少對荷蘭人而言，鬱金香的故事一開始就籠罩著恥辱，不過那陰影恐怕從來不曾遠離花卉的文化，只是比較微弱而已。那陰影存在於我們常聯想到花的鋪張浪費中，在我們從花得到的感官喜悅中，在我們自滿於迫使花突破自然的形態、顏色與開花時間，甚至在偷花賊把花剪下帶進室內時可能伴隨的輕微內疚中。

◆　◆　◆　◆　◆

現代鬱金香已經成了極為便宜又隨處可見的商品，以至於我們很難讓鬱金香重拾魅力。那魅力當然和鬱金香源於東方有關，安娜・帕佛德提過鬱金香籠罩著那種「異教徒的醉人氣息」。此外，早期鬱金香很珍貴，只能靠著短匍莖（offset）非常緩慢地提升供應量。短匍莖這種生物學的怪癖使得供應遠遠落後需求。一六〇八年的法國，磨坊主人會拿他的磨坊換一顆棕色之母（Mère Brune）的球根。大約同時期，有位新郎收到一朵鬱金香當唯一的嫁妝，據說他欣然收下，而那個品種被取名為「小女的婚禮」（Mariage de ma fille）。

然而法國和英國的鬱金香狂熱都不曾像荷蘭那麼猛烈。該怎麼解釋荷蘭人對這種花的瘋狂迷戀？

荷蘭人從來不安於接受自然原本的模樣，而這其來有自：低地國家的地景缺乏人們普遍認為的魅力和變化，平坦、單調、泥濘得誇張。有個英國人這樣形容此地：「沼澤遍布……堪稱世界的屁股。」荷蘭僅有的美，主要是人為的成果——建來為土地排水的堤壩和運河，立起風車干擾不斷橫掃大地的風。詩人日比格涅夫．赫伯特（Zbigniew Herbert）在他著名的散文〈鬱金香的苦澀味道〉（The Bitter Smell of Tulips）寫到鬱金香狂熱，指出「荷蘭地景單調乏味，促成繁雜、繽紛而奇特的花卉之夢。」

在十七世紀的荷蘭，人們可以前所未見地沉溺在那樣的美夢中，荷蘭商人和植物探險家帶著各式各樣的異國新植物回家。植物學成了全國消遣，密切關注與熱衷的程度，相當於我們今日追著運動賽事。在這國家、這時代裡，植物學論文可以成為暢銷書，而克魯修斯等植物人士可以成為名流。

荷蘭的土地極為稀少昂貴，荷蘭花園很迷你，單位是平方公尺而不是公頃，時常用鏡子來放大空間感。荷蘭人把他們的花園視為珠寶盒，在那樣的空間裡，即使單一朵花（尤其像鬱金香那樣直挺挺、非凡而花色引人注目的花）也是很有力的表現。

布置花園一向是人們展現自己高雅品味和財富的一種方式。十七世紀，荷蘭人是歐洲最富裕的人，歷史學家西蒙．夏瑪（Simon Schama）在《富庶的窘境》（*The Embarrassment of Riche*）中指出，他們的喀爾文教派信仰並未阻止他們沉溺在炫耀的愉悅中。鬱金香的異國風情和價格確實讓它們受歡迎，不過也是因為在各種花之中，鬱金香名列最奢華無用的花。直到文藝復興時代，人們栽培的大部分花卉都既美觀，又有用——是藥物、香水甚至食物的材料。西方的花卉常常受到清教徒攻擊，花一向是靠著實際效用而倖免於難。玫瑰、百合、芍藥和其他所有花之所以在修道士、震教徒（Shaker）和美國殖民時代的花園贏得一席之地，是因為實用性，而不是美觀。要不是實用，他們不會和這些花扯上關係。

當鬱金香首度來到歐洲時，人們就開始為這種花找一些實際用途：德國人把球根煮過、糖漬，宣布那是佳餚（但不大有說服力）。英國人試著搭配油和醋食用。藥劑師提出鬱金香能治療胃腸脹氣。不過這些用途都沒流行起來。赫伯特寫道：「鬱金香仍是老樣子，是自然之詩，與庸俗及實用主義無涉。」鬱金香是美麗之物，僅此而已。

鬱金香無用的美不只符合荷蘭人炫耀的喜好，也切合當時的人文主義——當時的人文主義正努力讓藝術與宗教保持那麼丁點距離。比方說，鬱金香不像玫瑰和百合，尚未納入基督教的象徵（不過鬱金香狂熱最後會改變這一點）。畫花瓶中的鬱金香是探索自然的奧妙，而不是探索圖像學的寶庫。

我也覺得，鬱金香之美的獨特性質，使鬱金香十分契合荷蘭人的性情。鬱金香一般沒氣味，是最沉靜的花卉。其實，荷蘭人覺得鬱金香沒香氣是一種美德，證實這種花貞潔而節制。花瓣內彎，隱藏起性器官，是內向的花卉。鬱金香也有點冷漠疏離——一根花莖只長一朵花，一株只長一根花莖。赫伯特觀察道：「鬱金香允許我們欣賞，但不會激起強烈的情感、欲望、嫉妒或性興奮。」

這些特質看來都沒能預示接下來的狂潮。但其實，荷蘭人和鬱金香都是外表沉著，內在卻有別的東西蟄伏。

◆ ◆ ◆ ◆ ◆

鬱金香的美，有個關鍵的要素令荷蘭人、土耳其人、法國人和英國人著迷，我們卻無感。鬱金香在他們眼裡是神奇的花卉，因為鬱金香常會自發出現鮮豔的色彩。種植一百株鬱金香，其中一株可能極為瘋狂，綻放時展露出花瓣的白色或黃色基底，像是用最穩定的手和最細的畫筆上色，有著鮮明對比色調的繁複羽紋或火焰紋。這樣的鬱金香被稱為「條斑」，如果一株鬱金香條斑，形成特別令人驚豔的模樣（例如斑斕的焰紋明確延伸到花瓣邊緣，顏色鮮豔純淨，圖樣對稱），球根的所有人就贏得頭獎。那個球根的短匐莖會繼承球根的圖樣、色調，搏得亮眼的價格。不知怎麼，條斑鬱金香產生的短匐莖比一般鬱金香小，而且數量少，價格因此更是高昂。永恆奧古斯都是那類條斑鬱金香之中最出名的品種。

今日和條斑鬱金香最接近的品種，是被稱為林布蘭（Rembrandts）的一群——命名為林布蘭，是因為這位十七世紀的荷蘭畫家畫出他那時代最受推崇的條斑鬱金香。不過這些近代的鬱金香帶有一種或多種對比色的厚重圖案，相較之下顯得笨拙，彷彿粗筆刷急忙畫下的成果。從初代鬱金香的繪畫判斷，條斑鬱金香可能和印了浮水畫的紙張一樣精緻繁複，華麗旋繞的顏色既大膽又雅致，十分神奇。在最令人驚豔的例子中（像是永恆奧古斯都在純白底色上潑灑的熠熠洋紅），爆發的顏色和鬱金香規規矩矩的線形形態並列，造成令人屏息的結果，不規則的躍動圖案幾乎要躍出花瓣邊緣。

根據安娜．帕佛德轉述，荷蘭栽培者會使盡渾身解數，讓鬱金香形成條斑。他們有時借用鍊金術士的技術，想必覺得鍊金術士面臨的挑戰和他們相當。苗床的土壤上種了白色鬱金香，而園丁會撒下大量理想色調的顏料粉，理論是雨水會把顏料沖到根部，由球根吸收。人們相信江湖郎中賣的配方能產生神祕的條斑。大家覺得鴿糞是有效的媒介，老房子牆上採的灰泥粉也是。鍊金術士試圖把卑金屬變成黃金，確確實實失敗了，不同的是，試圖改變鬱金香的人，卻會得到不錯的條斑鬱金香，促使人人加倍努力。

不過荷蘭人無從知道，條斑鬱金香的魔法來自一種病毒。發現這個真相之後，病毒造成的美隨之蒙上陰霾。鬱金香的顏色其實是由兩種色素調合而成：一個是基礎色，永遠是黃或白；另一個是覆蓋上的顏色——花青素。這兩個顏色混合的色調，決定了我們看到的單一色彩。而病毒作用時，會不規則地部分抑制花青素，因此讓一部分隱藏的顏色顯露出來。直到一九二〇年代發明電子顯微鏡之後，科學家才發現病毒是由桃蚜（Myzus persicae）在鬱金香之間傳播。桃樹是十七世紀園子裡的普遍植物。

到了一九二〇年代，荷蘭人把他們的鬱金香視為交易的商品，而不是拿來展示的珠寶。既然病毒會削弱感染的球根（正因如此條斑鬱金香的短匍莖很小，而且數量稀少），荷蘭農人於是著手根除他們田野裡的感染。條斑一旦發生，就立刻毀掉，而自然之美的某種奇妙體現，突然就失去對人類的吸引力。

我忍不住想，病毒提供了一些鬱金香需要的東西：鬱金香淡泊拘謹，需要的正是那樣的放縱。或許正因如此，條斑鬱金香在十七世紀的荷蘭才那麼寶貝——理想的條斑在鬱金香身上釋放出難以捉摸的顏色，在造成這情況的病毒著手毀滅鬱金香的同時，讓鬱金香變得完美。

◆ ◆ ◆ ◆ ◆

表面上，病毒和鬱金香的故事看似打亂了演化對美的理解。這樣的感染，用花的健康為代價，換取花對人的吸引力，對花有什麼好處？我想或許可以說，病毒助長鬱金香狂熱的風潮，讓人種植更多鬱金香，希望找到更多條斑鬱金香。然而，由於人們對鬱金香之美的概念相當獨特，幾百年來，鬱金香人擇的一個性狀使這種花病得愈來愈重，最後一命嗚呼。

這樣似乎是和天擇作對，違逆了自然的規律。確實是這樣——以鬱金香的觀點看來是如此。但如果從病毒的角度看這個問題呢？自然的法則重新確立了。病毒做的事，是把自己巧妙地插入人類和花的關係中，實際利用人類對鬱金香之美的概念，達到自己自私的目的。（仔細想想，和人類插手蜂和花的舊關係沒那麼不同。）感染造成的條斑愈美，荷蘭花園受感染的鬱金香就更多，流通的病毒也愈多。真是了不起的手法！以生存策略來說，病毒的計謀很巧妙，只要人類不明白怎麼回事就好。自然界還有什麼疾病能讓生物更好看？而且不只好看，更是從來無法想像的好看，因為病毒造就了鬱金香（至少在我們眼中）完全不同的美。情人眼裡出西施，而病毒改變了那眼光。這改變讓被觀看的對象付出代價，可見自然中的美未必表示健康，也未必有益於美麗之物。

◆　◆　◆　◆　◆

鬱金香從珠寶盒般的花變成（無病毒的）商品，這使得鬱金香居然難以被真正看見。當鬱金香成群出現在地景中，我們大多只將之視為一叢叢純粹的色彩，幾乎可說是地景中的棒棒糖或口紅。至少這是我以前對鬱金香的印象——賞心悅目，夠討喜但無足輕重。我不是天生就擅長覺察的人，從我雙親雇我在院子裡種鬱金香到我寫作本書的那個春天，這麼多年的歲月裡，我始終無法欣賞鬱金香那種獨特的美感。但我不覺得這問題是我獨有。

評論家伊蓮．思卡瑞（Elaine Scarry）寫過：「美一向發生在奇特之處，如果沒有奇特之處，看到美的機率就低了。」某方面來說，奇特的鬱金香很難見著，一方面是因為鬱金香已變得太便宜、太隨處可見，但另一方面是因為鬱金香的外形和顏色比大部分的花更獨特難懂。比方說，實際存在的某一株鬱金香和我們預想中的鬱金香概念，兩者相近的程度遠超過玫瑰或芍藥。如今鬱金香拋物線型的曲線，已經像可口可樂的瓶身曲線一樣，深深刻印在意識裡；腦中的鬱金香相較於真實世界中看到的鬱金香，還原度很高（這情況在商品遠比在自然常見）。在顏色方面，鬱金香同樣如此一致並忠於自身所聲稱的任何色調，就像油漆色卡一樣，因此我們很快就接納鬱金香花色是黃、紅、白的這種概念，然後接著去享受下一場視覺饗宴。鬱金香太鬱金香，太柏拉圖式地自我，有如伸展台上的模特兒，沒有引起我們的關注。

◆ ◆ ◆ ◆ ◆

我這個春天發現，放慢腳步、重新發現鬱金香獨特之美的一個辦法，是帶一株鬱金香進屋裡，個別欣賞。我想，比起種下更古老或更有異國風味的品種，這麼做可能效果更好。我猜想，就連大眾市場網袋裝的一些凱旋和達爾文鬱金香，只要剪下帶進屋，認真觀賞，都能令人驚豔。植物插畫家和攝影師一絲不苟的目光時常落在這種花身上，這並非偶然。鬱金香若得到特別關注，給予的回報少有花能出其右。

我最後想暫時把那觀賞的目光移向一株鬱金香——這個五月底的早晨，擱在我面前書桌上的夜后。夜后是黑到不能再黑的花，不過其實是帶著光澤的深褐紅紫色，只是色調太深，吸收的光好像多於反射的光，宛如某種花卉黑洞。花園裡，依據太陽角度不同，夜后的花可能看起來像凸面或凹面的，像花或花的影子。

荷蘭人很珍視這種獨特的效果。他們追尋真正的黑色鬱金香至少已經四百年，至今方興未艾，成為鬱金香狂熱比較迷人的支線情節。大仲馬寫過一整本小說《黑色鬱金香》，講述十七世紀荷蘭爭先培育真正的黑色鬱金香。小說中，園藝學會提供了十萬荷蘭盾的獎金，這場比賽激起的貪婪與陰謀奪走了三條人命。「奇蹟鬱金香」出現的時候，培育出這鬱金香的科內利爾斯（Cornelius）已經因鄰居密告而含冤入獄，鄰居把上好的花朵據為己有。科內利爾斯從牢房欄杆間瞥見他一生的心血：「那株鬱金香很美，燦爛而莊嚴。莖高超過四十五公分。花從四片綠葉間冒出，葉片光滑筆直如鐵矛頭，整朵花像烏玉般烏黑亮澤。」

但為什麼是黑色鬱金香呢？或許是因為黑色在自然界（至少在活生生的自然）中太罕見，而鬱金香狂熱無非就是搭建在珍稀植物的極致細節上，那既龐大又不穩固的殿堂。黑色也帶著邪惡的暗示，而日後那股狂熱將被視為世俗誘惑的道德故事，故事中整個民族都毀滅性地臣服於不只一種，而是各式各樣的致命罪孽。同時，黑色和白色一樣，是一片空白，能投射任何甚至多樣的欲望或恐懼。對大仲馬來說，黑色鬱金香是鬱金香狂熱本身的提喻（synecdoche），是中立而隨機選中的鏡子，意義和價值觀的扭曲共識短暫而災難性地在上面聚焦成形。

還有另一個故事，大概是真的，說的是狂熱最盛的時期，一名貧苦的鞋匠發現了一株黑色鬱金香。在日比格涅夫．赫伯特版本的故事中，哈倫（Haarlem）花商公會的五名男士一身黑衣，造訪了鞋匠，聲稱要給他一個好機會，出價買他的鬱金香球根。但鞋匠察覺他們的貪念，開始認真講價，爭論許久之後，雙方對球根的價格達到了共識：一千五百弗羅林，這筆錢對鞋匠而言是意外之財。於是球根轉手。

赫伯特寫道：「這時發生了意料之外的事。在戲劇中，這叫作轉折點。」花商把球根丟到地上踩爛。

補鞋匠愣住了，而花商公會的人對他喊道：「你這白痴！我們也有一顆黑色鬱金香的球根。除了我們，世上沒別人有了！不管是國王、皇帝或蘇丹都沒有。即使你的球根出價一萬弗羅林再加一打的馬，我們也會二話不說就付錢。別忘了，好運不會再度向你微笑，因為你是傻瓜。」鞋匠心灰意冷，踉蹌爬上閣樓的床，死在那裡。

赫伯特對鬱金香狂熱的看法本身就是徹底黑暗的。對他來說，荷蘭人的狂熱與美完全無關，只與固著觀念的毀滅性邪惡有關，這種現象隨時可能摧毀文明仰賴的「理性聖所」。赫伯特的鬱金香狂熱是烏托邦主義的寓言，或具體來說，是共產主義的寓言。確實，超過某個程度以後，花本身就無關緊要了——那時候，壓碎一顆鬱金香球根，或球根還在土裡就拿著一紙「期貨合約」，帶來的財富超越了人眼見過最美的花。

話說回來，別忘了，在荷蘭以瘋狂告終的事情起於對美的渴望。對許多荷蘭人而言，美感相對匱乏。要記得，這個國家裡不論社會階層，所有人都打扮得極為相似，衣著單調一致。在這片灰色的喀爾文教派土地上，色彩對眼睛的衝擊必然超乎想像，而鬱金香的色彩又是誰都不曾見過的模樣——飽和、鮮明，比任何花的花色都還要濃烈。

永恆奧古斯都是幾乎整個十七世紀裡最知名又最昂貴的鬱金香，背後的故事提醒了我們，美確實擔保了這場狂熱——至少在一六三〇年代的荷蘭，換作五花肉，絕不可能發生這種事。一般認為，永恆奧古斯都是世上最美的花，是一大傑作。一六二四年，尼可拉斯．馮．瓦森納（Nicolaes van Wassenaer）在亞德里安．鮑爾博士（Dr. Adriaen Pauw）的花園裡看過這種鬱金香之後，寫道：「花色白，洋紅襯著藍底，不間斷的焰紋直上花瓣頂。沒有花卉培育者看過比這更美的花。」當時永恆奧古斯都只有十來株，幾乎都在鮑爾博士手中。這位熱衷的鬱金香愛好者也是當時剛成立的東印度公司董事，他把永恆奧古斯都種在他位於哈倫附近海姆斯提德（Heemstede）的莊園。他在花園裡設置了一座精巧的鏡子露台，讓珍貴的花朵更壯觀。整個一六二〇年代，不斷有人要買鮑爾博士的永恆奧古斯都球根，出價節節高升，但再高的價碼也無法讓他賣出。至少一位歷史學家認為，鮑爾博士拒絕賣花而引燃了狂熱。如瓦森納所說，這位鑑賞家之所以拒絕，是因為覺得觀賞永恆奧古斯都的喜悅遠超過任何財富。

投機賺錢，不如美景眼前。

◆　◆　◆　◆

我自己的黑色鬱金香就在我書桌上，我看得出那株夜后有著單一枝鬱金香的經典花型：六枚花瓣排成兩層，外三層包著內三層，在花的性器官周圍拉出一個橢圓形的拱頂，既突顯這些器官，又加以遮蔽。每一枚花瓣既是旗幟，又是拉上的簾幕。我也看到，花瓣並不一致：內側的花瓣頂端有個精緻的小裂縫，比較結實的外側花瓣形成不間斷的卵形，銳利的邊緣俐落如刀鋒。花瓣看似柔軟滑順，其實不然，摸起來竟然硬硬的，像蘭花的花瓣，而且不比這張書頁滑順。六片凸面的花瓣合成一朵精心裁製而有點樸素的花。不令人想觸碰或聞嗅，只要我從一段距離外欣賞。夜后聞不到香味是相當適切的——這體驗是專為賞心悅目而設計的。

我那株夜后又彎又長的莖，幾乎和莖頂支撐的花朵一樣美。雖優雅，卻是一種明確的陽剛優雅。這不是女性頸部的優雅，或石雕的優雅，或斜張橋彎曲的鋼索那種優雅。鬱金香花莖的曲線顯得很簡約、目的取向，且合乎結構邏輯，即使隨時間逐漸改變也仍然如此。愛好園藝的數學家無疑能用微分方程式來表現我的鬱金香花莖。

天氣一暖，莖的曲線便鬆弛下來，花瓣捲起，露出鬱金香內部的空間與器官。這些器官就像鬱金香的其他一切，也明確而有邏輯。一枚花瓣配一枚雄蕊，六枚雄蕊繞著堅固直立的基座，每一枚雄蕊都像顫抖的追求者一樣，伸出一束粉狀的黃色花束。植物學家稱中央的基座為花柱，上面圍了一圈柱頭，由撅起而微微彎曲的唇狀部（通常是三枚）組成，目的是接收花粉粒，把花粉粒往下導向花的子房。有時候，例如現在，柱頭的唇上出現一滴晶亮的液體（是花蜜還是露珠？），讓人聯想到受粉。

與鬱金香的性有關的事情，感覺都明瞭有序；不像波旁玫瑰或重瓣芍藥的性籠罩在奧妙的神祕中。可以想像熊蜂鑽進波旁玫瑰和重瓣芍藥這兩種花，被迫在黑暗中摸索，盲目地跌跌撞撞，醉醺醺的，纏身無數的花瓣之間。當然，那些花就是要纏住蜂。但鬱金香沒那個打算。

我覺得，這正是鬱金香獨特個性的關鍵，甚至是一般花卉之美本質的關鍵。相較於其他典型花卉，鬱金香之美不浪漫，卻很經典。或者借用希臘人劃出的二分法，鬱金香擁有的是罕見的阿波羅之美，但所在的園藝萬神殿主要卻是由戴歐尼索斯執掌。

玫瑰和芍藥當然都是戴歐尼索斯的花，不論是觸感、氣味和視覺都極為性感惑人。玫瑰與芍藥的花瓣繁複到不合理（據說有棵中國牡丹有三百多枚花瓣），無法看清也無法好好感知；大量褶疊的花瓣有點可愛迷人的散亂。靠近玫瑰或芍藥嗅聞香氣，讓我們能暫時拋下理性的自我，在縈繞的香氣中渾然忘我。這正是狂喜的意義——脫離本我。那樣的花，展現出放縱的夢境，而非形式。

相較之下，鬱金香是阿波羅式的清晰與秩序，是線性、左腦型的那類花，毫無奧祕可言，形式規則與排列明確而有邏輯（六枚花瓣對應六枚雄蕊），以可想像的唯一方式，亦即視覺，去傳達這一切的理性。乾淨挺拔的莖上高高撐著單一朵花讓我們欣賞，把清楚的形式看得比不確定而變動的大地更重要。鬱金香的花超脫了自然的動盪，就連死亡時，也是優雅地死去。鬱金香花瓣不像枯萎的玫瑰那樣變得爛糊，或像芍藥花瓣一樣變得像用過的衛生紙。鬱金香的六枚花瓣會乾乾淨淨地碎裂，而且經常同時。

尼采所描述的阿波羅和戴歐尼索斯相比，是「個體性和正義界線之神」。一朵鬱金香和大量鬱金香不同，在地景或花瓶裡，以個體的姿態而立，一株一朵花，每朵花都像顆頭，端坐在莖頂上。（記得*tulip*這字來自土耳其文的「頭巾」。）更往下是修長的葉，在大部分植物學的描繪中，都畫成不多不少的兩片葉子，時常像肢體一樣展開。難怪鬱金香是栽培種最早得到個別命名的花，而且常以人為名。

不過不像其他大多數的花取了女性或女性化的名字，鬱金香在命名時大量採用男性偉人的名字，尤其是將軍和元帥，夜后則是例外。在希臘人腦中，戴歐尼索斯最常和女性（或至少是雌雄同體）的本質產生關聯，而阿波羅則是與男性。同樣的，中國區分花的方式和其他一切一樣，是分成陰（雌性）和陽（雄性）。在中國思想中，花瓣柔軟奢華的牡丹花代表陰的本質，但又有比較筆直的莖和根，被視為陽。從生物學來看，大部分的花包括鬱金香在內都是兩性花，兼具雄性和雌性器官。不過在我們的想像中，花通常不是偏向雄性，就是偏向雌性，外形有的令人想起陽剛或陰柔之美，有時甚至兼具雄性或雌性器官。我園子裡有玫瑰，是雜亂的重瓣，顏色是淺之又淺的粉紅，法國人稱之為Cuisse de Nymph Emue，把這誘人的花比作「仙子大腿」顯然不夠，還得說成「動情仙子的大腿」。在穿過任何園子的時候，你可以幫花朵選邊站——男生、女生、男生、女生、女生、女生……我覺得典型的花卉幾乎都是陰性，唯一的例外是鬱金香，這或許是最陽剛的花。懷疑的話，明年四月看看一株鬱金香如何破土而出，如何邊抬頭邊漸漸染上顏色。沿著莖桿往下挖，會找到球根。球根圓而滑順，硬得像堅果，植物學家為這樣的外形取了個最逼真的稱呼——「卵形」。

◆　◆　◆　◆　◆

當然了，就像我們這些阿波羅派設法規整、分類自然的所有努力一樣，這一回也只能做到這個程度，之後事物本身的戴歐尼索斯式拉力會開始造成難以避免的影響。我提到我書桌上的夜后花瓣和雄蕊排列整齊，但當我回去園子採另一株的時候（我園子裡的夜后數量多到不合理），頭一次注意到花床充滿微妙的任性。那裡有九枚甚至十枚花瓣的夜后，突變的柱頭不是三唇，而是六唇，甚至有一株的葉子長出深紫條紋，彷彿沉悶的綠遭到上面繽紛的花瓣滲透，花瓣的色素不知怎地像染料或藥物一樣，滲過植物體。

種一堆鬱金香的人都知道，鬱金香容易爆發那種生物學的不理性，產生偶然的突變、條斑，以及「竊盜」（thievery）的情況。鬱金香栽培者口中的「竊盜」，是指一種神祕現象使一片花田裡的某些花重拾親代的外形和顏色。在我的夜后花床，我見識到神奇的不穩定，令人深信鬱金香是自然最愛玩的花。

◆ ◆ ◆ ◆ ◆

幾個星期前，我經過曼哈頓的大軍團廣場（Grand Army Plaza），第五大道的一大片花床就種在那裡，有幾千株胖嘟嘟的黃色凱旋鬱金香，布置精準得像單調的閱兵場。那些花正是我以前在雙親院子裡種的那種，古板的原色鬱金香。我讀過，即使今日，雖然鬱金香栽培者努力避免他們的花田受到條斑病毒侵襲，這種事仍然偶爾發生。而在那單調延續的花床之間，我瞥見了一株——純然的淡黃色花瓣上猛烈爆發出紅色。那不是最好看的條斑，不過洋紅的焰紋從那朵花基部躍起，那花宛如活潑的小丑站在整齊劃一的英國國教徒之間，破壞了這片花圃原本應該代表的秩序之夢。

而其中有些令人振奮之處——我幾乎不敢相信自己運氣那麼好。對我來說，那不經意潑灑的紅幾乎像一種降臨——沒錯，降臨的是鬱金香久遠的過去；勉力平息的病毒這下子捲土重來。不過降臨的還有別的事物，某種蟄伏、剛萌芽的力量吸引了我。彷彿一整片的花，以及延展開來的整座城市本身，都因為一個狂喜而無常的生命脈動而動搖。（還是死亡的脈動呢？恐怕都沒錯。）

而後那晚，我夢見我看到的東西：那塊拘謹的黃色花床，和形單影隻的紅色小丑。夢境中，條斑鬱金香長在前排，一旁擱著一枝別致的鋼筆，是萬寶龍。（這夢境太難堪了，我不可能虛構。）我以完全不合身分的魯莽姿態抓住鋼筆與條斑鬱金香，發瘋似地跑過第五大道。我飛奔過廣場飯店和皮耶飯店的旋轉門，皮耶飯店外站了兩名制服上有黃銅釦子的門房，我引起了他們的注意。他們完全不知我是誰，或我做了什麼，卻還是跳起來像鬧劇般地追逐我，我耳邊聽到他們滑稽地吼叫著：「小偷！站住！」而我飛奔過大道，手裡抓著我的鬱金香和鋼筆，因為這一切太荒謬而歇斯底里地笑——不只笑這情境，也笑我做這樣的夢。

◆　◆　◆　◆　◆

比我在第五大道上看到的更美的條斑鬱金香，促成了鬱金香狂熱。那場投機狂潮，就像條斑本身，或許最好的解讀是鬱金香（和荷蘭的中產階級）那個太嚴苛的阿波羅世界中，戴歐尼索斯派的大幅度爆發。至少這是我後來眼中的鬱金香狂熱——是戴歐尼索斯的盛宴，卻變得狂喜而有破壞性，從森林或神殿移植到井井有條的市場地區。

鬱金香狂熱擁有中世紀狂歡節的所有標誌。在那狂歡節中，社會安定的秩序在短暫的「高潮間歇期」（引用法國歷史學家勒華拉杜里〔Le Roy Ladurie〕所言）中遭到顛覆。狂歡節是鼓勵瘋狂與紓發的社會儀式，是讓社群暫時沉溺在戴歐尼索斯式衝動的方式。那段期間，被捲入漩渦中的所有身分都變動不居，村裡的白痴被封為國王，窮人一夜暴富，而富人同樣突然變得赤貧。人們日常所擔負的角色和價值突然間中止，產生了新的可能性，令人顫慄。

在投機狂熱的陣痛中，資本主義和社會落入同樣處境，所有的價值都遭顛覆——節儉、耐心、金錢的價值、努力的報償。只要資本主義的狂歡節繼續下去，邏輯的法則就會被廢除，或者應該說，就會依據新的準則重塑，那準則在隔天早上冷冽的晨光中會顯得荒謬，但在狂熱的投機泡沫裡，卻顯得無懈可擊。

很難精確指明荷蘭的泡沫是怎麼形成的，不過一六三五年秋天是個轉捩點。當時，實體的球根交易改成了本票的交易，紙張上列出該鬱金香的詳情、兌現的日期，以及價格。在那之前，鬱金香市場依據的是季節的規律——球根只會在六月（從地裡出土）和十月（必須再度種下）之間易手。一六三五年之前的市場雖則瘋狂，卻仍以現實為基礎，是以現金換取實際的花。而一六三五年，風中交易（*windhandel*）開始了。

突然間，鬱金香交易成了全年的盛事，而鬱金香的龐大利益原本是鑑賞家和栽培者共有，這時加入了大批新興的「花商」，而這些花商其實一點也不在乎花。他們是投機者，幾天前還是木匠、織布工、伐木工、玻璃吹製工、鐵匠、製鞋匠、咖啡研磨工、農人、商人、小販、神職人員、教師、律師和藥劑師。阿姆斯特丹的一名強盜典當了他的生財工具，當鬱金香投機客。

這些人急於參與穩賺的事業，賣掉他們的生意，抵押家宅，把畢生積蓄投資在代表未來花朵的紙張上。可想而知，新資本湧入市場，價格被拱上新高。短短幾個月，紅黃條紋的

「萊頓全根」（Gheel ende Root van Leyden）價格從四十六荷蘭盾暴漲到五百一十五荷蘭盾。「瑞士人」（Switser）是紅色羽紋的黃鬱金香，球根從六十飆到一千八百荷蘭盾。

極盛時期，花商在「會所」進行鬱金香交易——那是酒館的密室，一週有二、三天供這個新興行業使用。會所很快發展出一系列的儀式，聽起來混雜了井然有序的股市協議和競飲。有一組共用的程序稱為「石板出價」（met de borden），想做生意的賣家和買家會得到石板，寫下拍賣鬱金香的起價。接著石板交給兩位代理人（基本上是交易者任命的仲裁人），兩位代理人會在兩個起標價之間談定一個價碼，把價碼塗寫在石板上，交還給委託人。交易者可能維持那個金額（表示意見一致），或把數字抹掉。如果雙方都抹掉數字，交易就告吹；但如果只有一方拒絕，那名花商就得付一筆罰金給會所——讓人有動機談成生意。交易確實談成時，買方得付一小筆佣金，稱作酒錢（wijnkoopsgeld）。為了維持狂歡節的氣氛，這些罰金和佣金會用來買葡萄酒和啤酒給大家——這又是談成生意的另一個動機。在一本描繪那場景的諷刺小冊裡，一位老手建議他的新手朋友乾杯：「這一行必須在醉醺醺的狀態下進行，愈大膽愈好。」

◆ ◆ ◆ ◆ ◆

驅動鬱金香狂熱的泡沫邏輯，從此有了名字——「博傻理論」。雖然以任何傳統角度來看，為一顆鬱金香球根（或網路股票）付出幾千塊很蠢，但只要有更蠢的傻子願意付更多錢，付幾千塊就是世上最合理的做法。到了一六三六年，酒館擠滿那樣的人，而只要荷蘭還住著愈來愈多更蠢的傻子（渴望迅速致富而盲目的人），真正蠢的應該是迴避買賣鬱金香這行。4

即使這樣，風中交易仍不只是吹了就過的風。鬱金香狂熱標幟著荷蘭球根交易這個真正的產業誕生了。這行業存活得遠遠比一時的狂熱更長。（我們這代的網路泡沫也一樣——在投機泡沫之下，產生了一門重要的新產業。）約瑟夫．熊彼得（Joseph Schumpeter）說得好，新行業誕生之時，隨著資本湧入，人們被這新興產業過分誇大的承諾迷惑，投機泡沫隨之而來，這現象一點也沒有不尋常。

泡沫遲早會破滅——否則永恆的狂歡節將意味著社會秩序終結。荷蘭的鬱金香崩盤發生在一六三七年冬，但原因至今不明。不過隨著真正的鬱金香即將破土而出，紙上交易和期貨契約即將定案，實際的錢很快就將換成實際的球根，市場變得焦慮不安。一六三七年二月二日，哈倫的花商照常聚會，在一間酒館會所拍賣球根。一名花商想以一二五〇荷蘭盾為底價，開始拍賣一批鬱金香——有一說是瑞士人鬱金香。沒人接價，花商於是把價格壓到一一〇〇，然後是一〇〇〇……接著，當場所有人突然明白，局勢變了（這些人幾天前才為了差不多的鬱金香付出了差不多的金額）。哈倫是球根交易的重鎮，那裡沒有買家的消息飛快傳遍全國。沒幾天，鬱金香變得再便宜都乏人問津了。放眼全荷蘭，已經沒有更蠢的人了。

4 另一個可能是，對一些喀爾文教派的荷蘭人而言，財務上的放縱提供了一種贖罪的方式，彌補他們對財富的羞恥感和對豐衣足食的尷尬——他們用骯髒的財富，換一朵花純淨的美。——作者註事件的餘波中，很多荷蘭人把自己的愚行怪到花的頭上，好像鬱金香和海妖一樣，會誘使原本理智的人步入毀滅。嚴詞抨擊鬱金香狂熱的書成了暢銷書，像是《花園名妓衰敗錄》（*The Fall of the Great Garden-Whore*），《反派女神芙蘿拉》（*The Villain-Goddess Flora*），或《神奇的一六三七年事件，當時傻子招來更多傻子，遊手好閒的富人失去財富，智者失去理智》（*Scenes from the Remarkable Year 1637 when one Fool hatched another, the Idle Rich lost their wealth and the Wise lost their senses*）。（當然了，芙蘿拉是羅馬的花之女神，原本是著名的妓女，以讓愛人破產聞名。）狂熱爆發幾個月後，一位名叫福帝斯（Fortius）的萊頓大學植物學教授占據了克魯修斯的舊位置，人們看到他在萊頓的街道上巡邏，遇到任何鬱金香就拿拐杖揮打。在一場中世紀狂歡節的尾聲，吊起的正是狂歡節之王的肖像。同樣的，戴歐尼索斯的古老慶典尾聲，是破壞與褻瀆，以及神祇本尊的犧牲。

◆ ◆ ◆ ◆

別忘了，鬱金香狂熱最後不是一場消費或逸樂的狂潮，而是金融投機的狂熱，而且這場狂熱並非發生在習於強烈情感的國家，而是發生於當時最冷靜的中產階級文化裡。換句話說，鬱金香的戴歐尼索斯式爆發是相對性的，造成的影響與鬱金香的異常成正比。

我在大軍團廣場瞥見的條斑鬱金香，是把顏料任意潑灑在單色背景上，這樣的奢華要不是突然出現在花瓣、花、植物那一絲不苟的秩序領域，我未必會留意。從詞源來看，*extravagant*（奢華）這個單字，意思是偏離小徑或越線——當然是指整齊的線條，因為這是阿波羅的特殊場域。其中可能藏有鬱金香長久力量的線索，或許還有美之本質的線索。鬱金香這種花畫下了自然界最精緻的一些線條，然後在突然爆發的奢華中，毫不在乎地超越這些線條。以同樣的原則而言，切分（syncopation）使得普通的四四拍音樂活潑起來，跨行（enjambment）讓抑揚五步格的莊重詩句跨行銜接。於是，由花所展現的那些讓人渴求事物當中，在此出現了第三個元素——第一個是對比，接著是圖樣（或花型），最後第三個是變化。

當我們打破太容易預測的模式，會感到喜悅，這可能造就了條斑鬱金香的魅力，也造就了林布蘭和鸚鵡鬱金香的魅力（這一類鬱金香把乾淨俐落的花炸出舞會衣裙般的炫麗褶邊）。此外，當然還有黑色鬱金香。在陽剛的鬱金香世界裡，黑色鬱金香宛如哥德風的蛇蠍美人。在夜后身上，神祕而深不可測的色調襯托了她明亮清晰的花型。任何精確的阿波羅式秩序如果沒籠罩著某種侵犯或任性之舉的暗示或威脅陰影，我們的眼睛耳朵很快就會厭倦。

同樣的，最令人屏息的玫瑰或芍藥，其花瓣的繁複翻扭受制於某種形式或框架，花朵靠著微乎其微的一點對稱（例如球型或茶杯那樣的花型），才不至於鬆垮。希臘人相信，相較於單純的好看，真正的美源於這種對立的傾向，而這兩大傾向體現在他們的兩位藝術之神——阿波羅和戴歐尼索斯身上。阿波羅的形式和戴歐尼索斯的狂喜均衡的時候，我們的秩序和放縱之夢結合的時候，偉大的藝術就誕生了。如果一種傾向未接到另一種傾向的情報，只會造成冷漠或混亂——像是僵直的凱旋鬱金香，或鬆垮的野玫瑰。所以，我們雖然能把任何花分類成阿波羅式或戴歐尼索斯式（或雄與雌），但最美的花（像永恆奧古斯都或夜后）都常有對立元素。

我所知最有說服力的，是希臘人關於美的神話，它幾乎帶著我們一路（但無法全程）回到美的起源，回到人類理智與情感交融的傾向中。不過美的誕生要追溯到更久以前，比阿波羅和戴歐尼索斯或人類的欲望更久遠，當時世界幾乎只有葉子，而最早的花朵正在綻放。

◆ ◆ ◆ ◆ ◆

從前從前——說得更精確一點，是兩億年前，世上曾經沒有花。那時當然有植物，有蕨類和苔蘚，針葉樹和蘇鐵，但那些植物不會產生真正的花或果實。其中有些以無性生殖來繁殖，用各種方式複製自己。當時有性生殖相較之下比較低調，通常要靠著花粉釋放到風中或水上而達成；其中有些花粉會偶然碰到同物種的其他成員，結出細小原始的種子。相較於我們的世界，這種開花前的世界比較緩慢、單純而懶洋洋。演化進行得比較緩慢，性少了很多，僅有的性，發生在親緣相近的鄰近植物之間。那種保守主義的繁殖方式，產生的新意或變化比較少，成就了一個生物學上比較單純的世界。整體來說，生命比較區域化、近親繁殖。

花出現之前的世界，比我們的沉悶。那世界少了果實和大型種子，無法支持比較暖血的動物。爬蟲類稱霸，每次變冷，生命就慢下來。夜裡很少發生什麼事。那個世界的外觀也比較樸實，比現在更綠，少了花果帶來的各種顏色和圖樣，更不用說氣味了。美當時還不存在。也就是說，事物的模樣和欲望無關。

花改變了一切。植物學家把會開花、結出帶殼種子的植物稱為被子植物，而被子植物出現在白堊紀，以驚人的速度散播到全世界。查爾斯．達爾文稱這突然而完全無法避免的事件為「惱人之謎」。現在，植物想讓基因散播，不用再依賴風或水，而是以盛大的共演化協議來取得動物的協助：用養分換取運輸。隨著花出現，世上出現了全新層次的複雜度——更互相依賴，更多資訊，更多溝通，更多實驗。

植物的演化依據一股新動力進行，那就是不同物種之間的吸引力。現在，天擇偏好能吸引授粉者注意的花，和迎合採集者的果實。其他生物的欲望對植物的演化變得舉足輕重，因為能滿足這些欲望的植物，就會得到更多後代。美成了一種生存策略。

新的法則加速了演化改變的速度。更大、更鮮明、更甜、更芬芳——這些特質在新的體系下迅速得到獎勵。但特化也一樣。把自己的花粉託付給昆蟲，如果被送去錯誤的地方（例如無關植物的花）就太浪費了，所以外觀、氣味盡可能獨特就成了一種優勢，更能吸引單一種專一授粉者的注意。動物的欲望因此受到分析與細分，植物也隨之而特化，促使多樣性驚人地綻放，其中不少多樣性是藉著共演化與美感而發生。

開花之後，果實、種子隨之到來，重塑了地球上的生命。被子植物產生醣類和蛋白質，引誘動物散播它們的種子，讓全球供應的食物能量倍增，促成了大型溫血哺乳動物興起。在枝繁葉茂而沒有果實的世界裡，爬蟲類過得很好。少了花，這世界可能還是爬蟲類的天下。少了花，就不會有我們。

◆ ◆ ◆ ◆ ◆

所以花造就了我們，我們是花最重要的仰慕者。最後，人類欲望進入花的自然史，而花做了自己一向做的事——讓自己在這種動物眼裡顯得更美，以及把我們最不可能的想法和比喻納入自己的存在。於是出現了宛如動情仙子的玫瑰、花瓣形狀如匕首的鬱金香，帶著女人香的芍藥。人類則盡我們的本份，不理性地繁殖花朵，把花的種子帶到全球各地，寫書傳頌花的名聲，確保花過得幸福。對花來說，這只是同樣老套的故事，另一個盛大的共演化交易，對象是心甘情願而有點輕易上鉤的動物——整體來說是個好交易，不過遠遠遜於先前和蜂的交易。

那我們呢？我們做得怎樣？我們靠花過得很好。感官的愉悅當然有，也有果實、種子可以果腹，還有大量的新隱喻可用。但我們望向花朵的更深處，發現不只如此——那是美的熔爐（若非藝術的起點），或許甚至一窺生命的意義。看看一朵花，你看到了什麼？我們可以看進自然的雙面本質的核心——也就是創造與消散這兩股能量的角力，一方面朝複雜的形態延展而去，另一方面又被潮汐般的力量拉遠。阿波羅和戴歐尼索斯是希臘人為自然的兩個面向取的名字，而自然界中祂們的爭奪，最直白、最強烈的莫過於花朵的美與稍縱即逝。在花朵中，克服萬難達成了秩序，而這秩序又被漫不經心地拋棄。那裡有藝術的完美，也有自然的盲目流變。在那裡，不知為何，超脫與必然竟同時存在。難道，（在花之中）那就是生命的意義嗎？

第三章

欲望：迷醉
植物：大麻

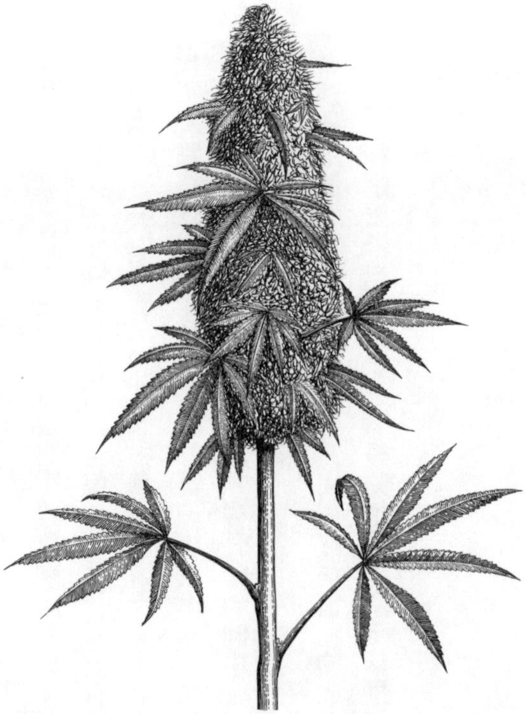

CANNABIS SATIVA X INDICA

遭禁的植物及其誘惑遠比伊甸園更為古老，甚至得追溯到我們人類存在之先。同樣，遭禁植物帶給有意一嘗的生物之許諾或是威脅，也一樣古早。所謂的許諾，換句話說就是知識，威脅則是死亡。若聽起來我像是在把被禁植物暗喻成知識，那倒不是有意的。事實上，我連聖經創世記的作者是誰也不敢確定。

只要是生物，總是得在花朵、蔓藤、樹葉、林木及蕈類組成的蠻荒植物園裡活下來，而園中不僅產出可食的營養品，還有要命的毒素。生物要想存活，再沒比了解何者為食物何者為毒物更重要的事了。只是一如創世記中上帝發現那般，想在園中劃出清晰界線，其實不太管用。困難在於有很多植物能完成比單純維持或毀滅生命更令人好奇的事物。有些植物可以治病，另些卻可挑起或安撫、平息身體的苦痛。但其中最奇妙的是，蠻荒植物園中，有植物能生產出分子，具有力量，可以改變我們稱做意識的主觀現實經驗。

這個世界怎會如此，演化怎麼會創造出擁有如此魔力的植物？使用這些植物的成本那麼高，那為什麼我們（還有很多別的生物）卻那麼難以抗拒？大麻般的植物能產出什麼知識，而為什麼又會遭到禁絕？

◆　◆　◆　◆　◆

我們必須由劃清界線入手，一如其他生物的做法。人要怎麼分辨危險植物與只含營養的植物？嚐一口即可得知初步線索。不希望被吃掉的植物經常會產出味道苦澀的生物鹼；同理可知，希望被吃掉的植物如蘋果，常常會在包覆種子的果肉產出極其豐富的糖類。故此原則便是甜為好，苦則糟。只是，事實證明一些苦澀的壞植物具有最強大的魔力，能夠回應我們，改變我們意識的結構乃至於內容。在英文字彙intoxication（迷醉）當中，夾藏了最直接明白的洞見，即toxic（中毒）。要在食物與毒素間劃出清晰界線還有可能，但要在毒物與欲望之間劃出，卻做不到。

◆ ◆ ◆ ◆ ◆

大自然蠻荒植物園的危險五花八門，相當微妙，對此生物的味覺只能提供最粗糙的路徑圖。那些危險主要是植物設計策略，保護自己免遭動物侵害的成果。植物的聰明才智，換句話說便是十億年演化過程中不斷試錯的成果，這份才智大多運用在學習（甚至可以說成發明）生物化學這門藝術，而且達成的水準凌駕人類一切想像。即便到今日，人類製藥知識仍有很大部分是直接取自植物。我們動物忙碌執著於動作、意識之類的事體，而植物呢，不抬一根指頭，甚至不必動念，就藉著找出合成驚人複雜分子的方式，取得五花八門非凡、偶爾有如惡魔的力量。那些分子中最受矚目的（至少由我們的角度來看），就是特意設計來作用於動物大腦的分子，有時是用於吸引動物的注意力（例如花香），但更常見的是為了擊退，有時甚或摧毀動物。

這些分子中，有些是徹頭徹尾的毒藥，純粹為了致死而設計。但共生演化幫我們上了重要的一課：某一物種全面壓倒另一物種，其勝利常常得不償失（殺蟲劑及抗生素的設計者最近才學會這一課）。這是因為強力的致命毒素會對目標族群施加極為強烈的選汰壓力，淘汰無抗性者，以至於該毒素很快就會失效。更好的策略或許是擊退對方、任其喪失能力，或陷入迷亂。這個事實或許可以解釋植物在毒素上的匠心獨運，為何叫人驚歎。到白堊紀，隨著被子植物崛起，奇特、恐怖的化學物質首次大量湧現。白堊紀堪稱達爾文口中的「惱人之謎」，這一演化史分水嶺，既是花卉炫人吸引力誕生之始，也是化學戰黑暗招式的開端。

有些植物毒素如尼古丁，可以讓攝食的昆蟲肌肉麻痺或痙攣；另一些如咖啡因，會讓昆蟲的神經系統失常，喪失胃口。曼陀羅的毒素（還有天仙子和許多迷幻劑）會讓掠食者發瘋，在牠們大腦中塞滿幻象，使其迷糊錯亂或者駭怖到不再想吃這些植物。稱作類黃酮的化合物可改變植物果肉在某些動物舌上的味道，把最甜的果實變酸，或是把最酸的變甜，端賴植物的目的。野生歐洲防風草這類植物中含有光敏劑，導致吃下動物在陽光下灼傷；染色體碰觸到光敏劑後，一旦曝露於紫外線中就會自發變異。有種樹的樹汁裡存在某種分子，可以使攝食樹葉的毛毛蟲無法成長化蝶。

藉由試錯，動物學會認出哪些植物可以安心食用，而哪些則該敬謝不敏；有時學習只需一個世代，有時永遠學不會。同時，演化也帶來反制策略，如可以解毒的消化過程，或是進食之際把危險減到最小（例如山羊會一點點細咬許多植物的無害部分），或者提高觀察力及記憶力。最後一項策略讓某一物種可以自其他物種的成功或錯誤中習得教訓，人類尤為擅長。

當然，「錯誤」特別能啟迪知識，只要錯誤不是自己犯下的；若是自己犯的錯，則證實那些錯誤不至於要命。有些毒素即使劑量大時會致死，但較小份量卻會帶來很有趣的事情——這種趣事不僅對人類如此，對動物亦然。藥理學家隆納德·K·席格爾（Ronald K.

Siegel）研究動物的迷醉後發現，動物故意去實驗植物毒素的情形很普遍；一旦找到某種致醉物，動物會一再返回該處，而這有時會帶來災難性後果。牛隻慢慢愛上最後證實會要命的瘋草；大角羊為了把致幻的青苔由突出的岩壁刮下來，會把牙齒磨到剩下無用的一小塊。席格爾認為，這些喜好冒險的動物中，有些如同《神曲》中的嚮導維吉爾。咖啡的發現，或可歸功於什麼都敢嚐一點的山羊：十世紀時，阿比西尼亞牧人觀察到羊群在啃食了咖啡灌木的紅色漿果後特別活潑愛動。鴿子把大麻種子（許多鳥兒最愛吃的食物）跟別的種子區分開來，或許是觸發古代中國人（或亞利安人、斯基泰人）研究該植物特別屬性的原因。秘魯的傳說提到奎寧是美洲獅發現的，而印地安人留意到生病的美洲獅吃了金雞納樹的樹皮後，常常可以恢復健康。亞馬遜河流域的圖卡諾印地安人（Tukano Indians）注意到，一般並不吃草的美洲豹會吃南美卡皮木（死藤）的樹皮，從而產生幻覺。那些印地安人追隨美洲豹的引導，而且說死藤可以賜給他們「豹子的眼睛」。

◆ ◆ ◆ ◆ ◆

每當我讀到這樣的題材就好奇：你怎麼知道美洲豹正在產生幻覺？接下來我就會想到自己養過一隻性子暴躁的老公貓，我相信牠常拿藥用植物來產生幻覺。每個夏日傍晚大約五點時，法蘭克就會緩緩踱進菜園，享受一口貓薄荷的快樂時光。先嗅聞，然後用牙齒拉扯葉子，接著一陣陣打滾，在我看起來就像陷入性狂喜。牠的瞳孔會收縮為針刺大小，彷彿有點兒膽小地凝視著幾千公里以外，準備撲向根本不見形影的敵人，或情人——誰曉得是哪個。

法蘭克會猛然趴進泥土地，然後抬起身來，向側邊滑稽地跨一小步，然後再蹦起來，筋疲力竭後便會到番茄藤的涼蔭下沉沉睡去。

我後來才曉得，貓薄荷含有叫荊芥內酯（nepetalactone）的化合物，相當於貓求偶期尿液裡產生的化學傳訊素費洛蒙。那把化學之鑰湊巧可以開啟貓大腦內的性愛之鎖，而且顯然別無所能。瞧見有種植物能叫我的貓發狂是滿有意思的，但也叫我不安，因為，在那段短暫的時間內，法蘭克總是在園子裡跌跌撞撞，彷彿真的瘋了。不過他會在第二天恢復——令人驚奇的是，絕不會在五點之前。也許法蘭克把這件事儀式化，以便控制過程，也有可能他得耗費大半天，才能想起那種神奇植物長在什麼地方。

我會種貓薄荷，完全是為了讓法蘭克快樂；話雖這麼說，有時回想起來，我會好奇貓薄荷在我的園子裡是不是作一種替代品或占地標幟，代替我有時想替自己種植的遭禁植物。我是指大麻。大麻一度是麻醉品、藥物及纖維（最後這種用途，我得承認自己完全沒興趣），是這一帶未來有望種植的最強力植物之一，也是我寫作本書時，可能會種在自己園子裡的植物中最危險的一種。法蘭克的快樂時光儀式每天提醒我，園子不僅可以產出食品和美，還可以產出更多，可以演出某些相當令人驚異的大腦化學娛樂，藉此滿足別種更為複雜的欲望。

◆ ◆ ◆ ◆ ◆

有時候我會想，我們容許自己園子受到審查，園子本有各種力量及機會，但因為我們崇拜植物之美而犧牲了，這樣的崇拜掩蓋了大自然更為可疑的真相（包含我們的真相）。事情並非總是如此，或許有一天，我們會把種滿蔬菜及花卉的當代園子，視為幾乎維多利亞式的場所，充滿壓抑和審查刪節。

無論如何，歷史上多數時候，園藝關心植物的魔力更甚於美，也就是說，在意的是可以用多種方式改變我們的力量，無論是正面或負面。在古代，全世界都有人種植或採集神奇植物（和菌類），用其魔力來激發想像，或是導引他們前往其他世界一遊。這些人有時被稱作薩滿，當中有些人帶回可支撐整個宗教體系的精神知識。中世紀的藥草園毫不關心美學，而專注於能夠治療、迷醉、時而殺人的植物種類。女巫及魔法師栽種擁有「施咒」力量的植物——若用現代術語，稱作「有精神活性」的植物。藥方所需的物品包括曼陀羅、罌粟、顛茄、大麻脂、蛤蟆菌，還有蟾蜍皮（蟾蜍皮含有二甲基色胺，是一種強力迷幻劑）。這些成分摻入以大麻籽油脂為基底的「飛天油膏」之後，女巫便會用特殊的假陽具塗進陰道裡，這便是據稱能讓女巫四處飛的「掃帚柄」了。

中世紀女巫和鍊金術士的園子遭到強力根除，已經湮沒了（或至少面目模糊到難以辨認），但即使是繼它們之後出現、相對良性的觀賞用園林，也以自己的方式尊崇著自然界更為陰暗、神祕的那一面。例如英格蘭和義大利的哥德式園林總是會留下空間來模仿死亡的意象，及偶爾發作的恐怖戰慄，比如納入死樹，或是陰森的洞穴。這類園林對改變人類的意識也很有興趣，只是方式較類似恐怖電影，而非藥物。直到現代，工業文明下了結論，聲稱大自然的種種力量不再是工業文明的對手（在某種意義上是言之過早），我們的園子才變成良性、陽光明媚、環境意義正確的場所，而園藝古老的威脅與誘惑，都被從中逐出。

若沒遭驅逐，也大致被人蓄意遺忘了。因為即使在老祖母的園子裡，你仍習慣去找曼陀羅和牽牛花（有些印地安人會用它們的種子製作祭祀用的迷幻劑），還有罌粟——罌粟正是製造女巫飛天油膏或古代藥師壯陽藥的原料。只是，一度伴同這些強力植物出現的知識已然佚失。而只要這種植物知識再度出現於人類意識，也就是說，「切開罌粟的頂部，釋放麻醉藥汁液」的意識一旦形成，與這些相關的禁忌也會隨之浮現。很奇怪，只要你不知道自己是在種植有麻醉效用的植物，在美國種植罌粟就是合法的；但是，像變法術似地，如果你曉得自己在種的植物有麻醉藥效，那麼同一種行為就會犯下「製造受管制物質」的重罪。顯然，舊約聖經和刑法都將違禁植物與知識聯繫在一起。

◆ ◆ ◆ ◆ ◆

我在自己園子裡種過罌粟，確實如你所想，我帶有邪惡意圖。我還種過大麻，彷彿回到在美國種大麻沒什麼大不了的時代。我現在還種有葡萄與蛇麻草，這兩種也可以製成不違法的精神藥物（只要我不販賣圖利），另外我園子的藥草區還有聖約翰草（抗憂鬱藥）、甘菊和纈草（二者都是溫和的鎮靜劑）。

可能我應解釋自己對這些植物的興趣。至少在剛開始，這份興趣跟我喜歡用精神活性物質沒什麼關係，而我的用量一向很輕微。我想動機應該是大多數園丁共有的衝動。事實上，一九八〇年代初期我開始種些大麻時，已經完全不吸了，因為大麻幾乎總會讓我變得偏執又愚蠢。只是那時我剛剛開始重拾園藝，渴望嘗試任何東西，而波旁玫瑰或是牛番茄的魔力似乎跟精神活性藥物非常相似（至今我還這麼認為）。所以，當我妹妹的男朋友問我想不想種一些他由「某一株真叫人驚異的『茂宜草』」摘來的種子時，我就決定試一試——就像別的東西，只是想了解我有沒有這個能力。

這種事，若跟另一個園丁講，他也不會覺得古怪，因為我們園丁都一樣，熱衷於挑戰不可能（哪怕收穫只是個好故事也行），看看我們是否真的不能在第五區種出朝鮮薊，或者用自種的紫錐菊根泡出草本茶。在內心深處，我懷疑許多園丁把自己視為二三流的鍊金術士，要把堆肥的殘渣（還有水與陽光）轉變為擁有罕見價值、美和魔力的物質。也許在某種層面上，我們還跟古老園子的魔力有所聯繫。園藝另一吸引人的地方就在於可以讓人獨立：獨立於青果零售商、花店店員、藥劑師，而且對某些人，還可以不靠藥頭。人當然不必為了體驗脫離全國經濟網的滿足感，而費盡苦心「回歸大地」。所以，正是如此，我是出於好奇心，想看看自己是否能在康乃狄克州的園子種出一些「真叫人驚異的茂宜草」。對我而言，這似乎真的代表某種讓人格外印象深刻的鍊金術。但隨著事情發展，我種植大麻的經驗跟我曾抽過的經驗有部分相連；偏執、愚蠢仍是運作一切的字眼。

◆ ◆ ◆ ◆ ◆

我想，那是一九八二年春天吧，我將一把茂宜草種子撒在浸溼的紙巾上，兩天之內就發芽了。隨著天氣變暖，我把幼苗移到室外，不是種在園子合適的地裡，而是屋子後頭快倒塌的穀倉背後，種進一堆年代久遠的牛糞裡，那堆牛糞是我由過去住在這兒的酪農繼承來的。

我幾乎忘了那些大麻苗，直到幾個月後，我回來一看，發現兩棵聖誕樹般的樹，至少有二點五公尺高，挺立於暮夏的野草叢之上，青蔥繁茂、綠葉油亮的灌木在稀薄的九月陽光中熱切地生長。從來沒有人宣稱大麻很美，但是園丁卻會禁不住欽佩這種植物純正而又豐厚的綠色，像是一堆高高的棕櫚聳立著，朝向太陽，進行光合作用的狂歡盛宴。這植物有野草的熱情。

儘管馬上就要降霜了（在這兒，早在九月十五日，我就曾損失過番茄），但這些碩大的植物卻沒有絲毫想開花的徵兆。我覺得失望，但並不覺悲慘，因為當時人們仍在抽大麻葉（當然，如今人們認為只有稱為精育無籽大麻的未經授粉雌花才值得抽，種大麻的人早把葉子和莖幹扔到肥料堆去了）。儘管如此，我還是決定多等上幾週，看看我是否能夠採收到幾個花蕾。

這兩株大麻仍然以驚人的速度生長，每週高度和周長增加三十公分，所以到九月底時，不管從農場哪個地點看都很顯眼，變成兩棵藏在穀倉背後興高采烈的綠色巨人，而我發現自己處於幾乎無止境的焦急和懼怕狀態。我曾在報上讀過，州警有時會用航空搜索來尋找大麻園，所以只要我聽到頭頂上有小飛機的嗡嗡聲，就會衝到外面看飛行路線是否會越過我這兩棵植物。我門前的路上只要有大型轎車慢慢停下來，就足以令我膽戰心驚。那年秋季，每天我都在權衡值不值得為了幾朵可能收成的花蕾，冒上被警方發覺、遭遇致命霜害的風險。

我的大麻種植生涯，結束在一場千鈞一髮的經驗。有人在鎮上貼出廣告，我向他訂購了一考得（約三點六平方公尺）的木柴。星期六的早晨，那人就將前半批木柴送到我家。他身材結實，頂著俐落的海軍平頭。他問我想把這些木柴堆在什麼地方。儘管那個廢棄的穀倉已是四面透風，但至少還有不漏雨的屋頂，我們都認為那兒是堆放這些木柴最好的地方。開始卸貨前，我們靠在他那台卡車溫暖的引擎蓋上聊起天，享受十月天上午的涼爽天氣。我們隨便聊了聊，我問他是不是靠賣木柴為生。他輕笑說不是，賣木柴不過是副業，此外還有冬天替人家車道鏟雪。他說：

「我的正職朝九晚五，我是新米爾福德的警察局長。」

我的雙腿一下子就發軟了，發現自己若不用力牽動嘴唇的肌肉，就再也說不出話來。你看看，那穀倉只不過是木板搭出的殼，沒有哪個警察站在裡面會無法從後牆空隙瞧見那兩棵綠色巨人。但我要怎麼辦呢？要求把這些木柴卸在穀倉以外的任何地方，無疑很荒謬。

很不幸，我呆鈍掉的大腦無法想出不荒謬的計謀。我想了一下，脫口說所有木柴就倒在車道中間好了，卸在這裡正好，多謝多謝。

這位警察局長轉身爬進他卡車的駕駛座，說：「別傻了，我完全不覺得麻煩。我倒車把這批木柴卸到穀倉。」

我現在記不得自己當初是怎麼講的，大概是：「哦……不用了！就放在這裡，這裡很好。靠近房子……我很快就要燒了。」

「好呀，倒一些在這裡，但不必整卡車吧。」卡車引擎已經隆隆作響了。

「不，全部！都卸在這裡！」我很可能在吼叫了。「我就想放在這裡！」在他打倒車檔之前，我已經跳上卡車的車尾，開始拚命把一段段原木拋過肩，扔到卡車後頭的車道和草坪上，扔到任何能擋住車開往穀倉的地方。那人從駕駛座鑽出來，困惑地瞇起眼看我，最後老天保佑，他聳了聳肩。「隨你了」這句話聽起來從未如此悅耳。

這車木柴一卸完，警察局長開車回去載剩下的那一半，而我呢，暫時鬆口氣，但仍極度恐慌。我在工具間到處亂翻，尋找斧頭。不會有什麼大麻花蕾了。我砍倒那兩棵植物，它們的莖幹已經粗得如同我的前臂，我把枝葉都削下，將那些芬芳的葉子塞進兩個大垃圾袋中，然後費勁地全拖上閣樓——這一切只花了四分鐘。我這些收成乾燥脫水後，產出了一公斤多的大麻葉，聞起來像舊襪子。抽起來當然有感覺，但效果更像偏頭痛，而非覺得嗨。

◆ ◆ ◆ ◆ ◆

你可能猜想得到，我多次講到我種大麻的故事，比如在晚餐後跟朋友們聊聊，通常穩贏得一陣笑聲。結局皆大歡喜是理由之一，但本故事稱得上輕喜劇的另一個原由則是支撐故事發展的懸念夠真實，但又稱不上攸關生死。如果警察瞧見我的大麻，我會很有得受，但似乎也不會因此進監獄。一九八二年時，法律只象徵性地懲罰吸食大麻，可能會造成個人某種尷尬（比如我怎麼跟我的父母和老闆交代？），低調種植大麻的人只需害怕這些。在我這次不走運事件之前沒幾年，美國總統吉米．卡特才提議大麻除罪化（他的幾個兒子和他的「緝毒特派員」都吸食大麻），喜劇演員鮑伯．霍伯（Bob Hope）也在黃金時段調侃大麻菸。當時大麻無害且有趣，對於任何人來說，似乎都位在社會可以接受的邊緣。

往後幾年中，美國看待大麻的態度起了翻天覆地的變化。一九八〇年代結束時，大麻這植物突然獲得（或獲賜）非凡的新魔力，該魔力與其他的因素結合，讓我的故事成為時代作品，離奇有趣，但絕不可能重演。有幾項事實可以說明此一變化：一九八八年起，在我住的州，種植一公斤大麻（差不多就是我那次收成的份量）的最低刑罰是五年徒刑。其他州甚至更嚴峻。比如在奧克拉荷馬州，種植任何數量的大麻，都會被判終生監禁。

假如我蠢到重複那項實驗，要憂心的不止牢獄之災。新米爾福德警察局長若今天湊巧發現我在園子裡種大麻，就有權沒收我的房屋及土地，不論最後我是不是被判有罪。那是因為根據聯邦財產充公法有點神奇的推論，即使我沒有犯罪，我的園子也可能觸犯藥品法規。依這些法律而提起的訴訟名稱，聽起來不像是美國法律實務，而像中世紀的萬物有靈論，如「美利堅合眾國訴一九七四年型凱迪拉克豪華轎車案」。如果那位警察局長選擇提起如此的訴訟案「康乃狄克州人民訴麥克．波倫的園子案」，他只需要證明我的土地曾被用於犯罪活動，它就會變成新米爾福德警察局的財產，警局可以隨心所欲處置。所以在今天的美國，若屈服於違禁植物的誘惑，不僅會讓你被逐出自己的園子，你的園子還會被奪走。

風向變化這麼快，一種不到二十年前還在人們普遍接受邊緣的植物變成了魔鬼，肯定會令未來的歷史學家迷惑。他們會好奇為什麼一九八〇年代、九〇年代和二十一世紀前十年這場「反毒之戰」，大部分力氣都用在對付大麻[1]。他們會思索為什麼在這場戰爭中，美國囚禁自己的公民數目超過歷史上任何國家；為什麼坐牢的人，每三人就有一個是因涉及麻醉藥而入獄，將近五萬人只因牽扯到大麻就犯罪。他們還會好奇，為什麼美國人竟願意放棄那麼多好不容易才贏來的自由，只為了反對這種植物。二十世紀最後幾年中，最高法院的一系列

1 比起所有毒品，涉及大麻的犯罪逮捕數最多：一九九八年將近七十萬件，其中八十八%是因為持有。大部分執法機關的經費已逐漸仰賴大麻案件的沒收資產。大麻是校園毒品防制、職場藥檢，以及公共毒品廣告宣導的主要目標。——作者註

判決以及政府專門針對大麻的訴訟案，導致政府權力大幅增加，而代價卻是犧牲人權法案。[2]大麻戰爭的結果是，今日美國人很明確較不自由。

未來的歷史學家得自行判斷，所有麻醉藥中為什麼美國反毒之戰的焦點偏偏是大麻，為什麼鮮明的禁止界線是沿著大麻這種植物劃下，而不是古柯鹼或罌粟？大麻真的對公眾健康構成致命威脅？抑或大麻是唯一一種普及到足以讓政府發動大規模戰爭的非法藥物？不管理由是什麼，假如大麻這植物沒成為顯著的象徵，我們很難相信如此強烈的禁忌標籤貼得上去。大麻與反主流文化幾乎密不可分，無疑因此變成反毒之戰最想攻打的目標，而反毒之戰不論還有什麼性質，都是政治及文化上針對六〇年代的反制動作。也不管理由是什麼，大麻這種植物及其禁忌到二十世紀末，大家可以感受到不只改變美國人生活一次，而是兩次：第一次較輕微，是六〇年代大麻開始廣受歡迎，而接下來的第二次可能較為深刻，便是它成為反毒之戰的檄文所聲討的對象。

◆ ◆ ◆ ◆

自從我短暫地種了一回大麻以後，大麻的故事另有劇烈變化，而變化在植物自身。人們寫作大麻的自然史時，美國的反毒戰爭將成為數一數二重要的篇章，跟當年非洲奴隸把大麻介紹給美洲人，或者古代斯基泰人發現大麻可以吸食一樣重要。[3]現代查禁大麻卻直接導致該植物的基因及種植都發生空前變革。反毒戰爭有個較耐人尋味的反諷是：針對大麻創造出強大的新禁忌，卻直接導致一種強力新植物誕生。

重建大麻晚近的自然史比重建社會史要困難得多，因為自然史有很大部分潛入地下，變成祕密；大麻的「強尼蘋果籽」傾向匿名，且往往分布廣泛。只是幾年前，我（由朋友的朋友處）了解到：從我當初稍稍試種以來，大麻的種植技術變得多麼複雜，又培育出多少更強力的美國大麻，這促使我起身去探索。跟我講述的那人就曾協助設計和安裝一系列最先進的「種植室」。有天晚上我傾聽他談論自己的工作，詳細解說鈉和金屬鹵化燈的相對好處、每一千瓦燈光照射的阡插苗最佳數量，以及各大麻亞種雜交的複雜技術，我才大夢初醒：這才是我這個世代最棒的園丁近年來一直在做的事，他們一直潛藏在地下，把大麻變得完美。

2 一九八八年，一位最高法院法官痛斥出現了「針對毒品的憲法例外」並對此抱持反對態度。而這種「例外」相當程度上是基於大麻案件。例如在伊利諾州訴蓋茨案（Illinois v. Gates, 1983），最高法院對第四修正案保障的「免於不合理搜索的權利」，以及第六修正案保障的「面對指控者的權利」做出了廣泛的新例外解釋。長久以來的民兵團法則（禁止聯邦軍隊介入國內執法）也在這場大麻戰爭中被中止，尤其是在雷根總統任內，他曾派遣軍隊掃蕩加州北部的大麻種植者。第一修正案同樣受到波及：以大麻種植者為目標讀者的雜誌遭受騷擾，其中一本《Sinsemilla Tips》甚至被突襲而停刊。在一九九八年，聯邦政府威脅吊銷一些加州醫師的執照，原因僅僅是他們行使第一修正案賦予的權利，與病患討論大麻的醫療益處。同年，國會甚至命令華盛頓DC不要計算市民在一項醫療用大麻公投中的投票結果。這場大麻戰爭可說是也侵蝕了第六修正案所保障的陪審團審判權（因為嚴厲的強制最低刑期迫使大多數被告接受認罪協商），甚至破壞了無罪推定原則，讓政府可在未證明被告有罪之前就沒收他們的財產。——作者註

3 我們如今所知的吸菸習慣，是直到哥倫布從美洲帶回來之後才傳入歐洲，但早在西元前七百年，斯基泰人就發明了類似的做法。根據希羅多德的記載，他們會將頭伸進一種小帳篷中嗅聞（帳篷是用來收聚大麻花苞放在炙熱石頭上所產生的煙霧）「直到他們起身跳舞並開始唱歌」。——作者註

一九九〇年代阿姆斯特丹之於大麻種植者，就好比一九二〇年代巴黎之於作家，都是去國離鄉的邊緣人能夠和平磨練技藝並與同道中人來往的地方。種植大麻在荷蘭並非真正合法，但是有幾百間「咖啡店」領有執照可以販售，所以官方容許小規模種植以供應這些商店。一九八〇年代末期開始，隨著美國對抗大麻的局勢逐漸升溫，逃離反毒戰爭的「難民」開始移往阿姆斯特丹。大麻種植者帶來他們的種子與技術，這種播遷配合荷蘭人可追溯到鬱金香狂熱時代的農藝天才，再次讓阿姆斯特丹變成深愛某種特殊植物之人便非去不可的地方。

我去了一趟阿姆斯特丹，以了解大麻在美洲最近的歷史，還有去瞧瞧，好吧，去瞧樣品，也就是自從我匆忙收手之後，這些年裡大麻種植者精心創造的成果。我抵達時是十一月末，正是「大麻杯」（Cannabis Cup）舉辦的時候，這是每年一次的聚會兼豐收節，由《嗨時光》雜誌（High Times）贊助，吸引了這個領域的許多傑出人物。美國大麻農參加這個活動所做的事，跟別的農人豐收季後農暇時做的事沒兩樣，如交換種子、趣聞軼事、最新技術，還有炫示自己得獎的樣本品種。有幾位現代大麻栽培的先驅也到場了，我發現若以園藝同好的身分去攀談，他們會很高興地分享自己的經驗與知識。

幾天之內，我開始把零散的材料組成故事，講述美國種植者如何在猛烈的反毒戰爭陰影之下，沒有受過專業訓練，卻設法把家庭種植這個七〇年代嘲笑三流自家種植大麻的衍生語，轉變成為今天這個世界上最值得驕傲、最為昂貴的植物。[4]這篇故事會成功，大麻農的匠心獨運、足智多謀占很大份量，但植物本身的匠心獨運、足智多謀也不遑多讓。由大麻的觀點來看，美國的反毒戰爭恰是將版圖擴大到北美洲的大好機會，那兒它的蹤跡一向不多（除了漢麻，這種不具精神活性的獨特大麻草在遭禁之前曾廣泛種植，以供應植物纖維）。要在北美發跡，大麻必須完成兩件事情：首先得證明自己滿足人類欲望的能力出類拔萃，以至於人們甘冒非比尋常的風險去種植；其次得找到正確的基因組合，以適應最為特殊的、完全人工的新環境。這一章講述的故事，就是發生的經過。

◆　◆　◆　◆　◆

一九七〇年代中期以前，美國吸食用大麻大部分來自墨西哥，後來在美國要求之下，墨西哥政府開始使用除草劑「百草枯」來噴灑大麻。大約與此同時，美國政府開始掃蕩大麻走私販子。隨著國外貨源減少、墨西哥大麻的安全性變得可疑，美國國內自種大麻的廣闊市場突然出現了。在某種意義上，國內大麻產業的快速出現，代表貿易保護主義的一大勝利。

一開始，美國本土大麻的品質比舶來品差上許多。問題有部分出在早期的種植者犯了跟我一樣的錯，種下的種子來自熱帶地區的吸食用大麻。Sativa（*Cannabis sativa*，又稱普通大麻）是赤道亞種，很不適應較高緯度地區的生活。Sativa不耐霜凍，而且如我所發現，在北

4 品質頂尖的精育無籽大麻每盎司售價可高達五百美元，大麻因此成為美國最賺錢的經濟作物。——作者註

緯三十度以北通常不會開花。大麻種植者發現，除了在加州及夏威夷，這種種子很難產出高品質的自家種植作物（尤其是精育無籽大麻）。

人們持續尋找可以在更北地區成長茁壯和開花的大麻，到了一九七〇年代末期終於找到了。美國嬉皮遊經印度大麻之路（the hashish trail），穿過阿富汗，回程時帶回了Indica（*Cannabis indica*，又稱印度大麻）的種子。這種大麻能抗霜凍，相當頑強，中亞山區的生產者種植這物種已經不知多少世紀了。它跟我們熟悉的大麻植物看來很不相似（對美國早期的種植者而言顯然是一大優點），很少長超過一點二或一點五公尺（相形下最高大的Sativa大麻可以高達四點五公尺），綠葉泛著淡紫色，比起Sativa那細長手指般的葉子也要短一些、圓一些。Indica經證實特別有勁，儘管許多人會告訴你它吸起來比較嗆，引發的快感也較弱。即使如此，事實證明把Indica引入美國確實是一大福音，全美五十州的種植者頭一次都有辦法生產精育無籽大麻。有些Indica在極北的阿拉斯加甚至還會可靠地開花。

起初，人們會單獨種植Indica，但有企業精神的種植者很快就發現，此新種與Sativa雜交可以產出強健的混血品種，結合雙方最令人們滿意的性狀，同時弱化各自最差的一面。例如說，最棒的赤道Sativa那種更柔順的味道以及「清亮、鐘鳴般的嗨感」，可以跟Indica的強效、堅韌適應力結合起來。借用我在阿姆斯特丹遇見的一位大麻植物學家羅伯特・康乃爾・克拉克（Robert Connell Clarke）所言，如此雜交的結果是大麻遺傳學的「偉大革命」。[5]

在大約一九八〇年颳起大麻育種革新浪潮中，大部分的育種是由加州及美國太平洋西北岸的業餘大麻種植者完成，現代美國大麻在這時候誕生了。當初研發出來的Sativa與Indica混血品種，含北方之光（Northern Lights）、黃鼠狼一號（Skunk #1）、大花（Big Bud）和加州柑桔

（California Orange），至今都被視為大麻培育的基準。這些仍是後起的培育者研究的主要遺傳品系。如今美國大麻的基因公認為世界頂尖，也是荷蘭大麻種子交易興旺的基礎，我在荷蘭碰到的美國種植者都很樂於提醒我這一點。然而，如果沒有荷蘭人保護和推廣那些品系，美國培育者所完成的重要遺傳工作很可能到今天已經流失，被反毒戰爭的狂風吹散了。

◆　◆　◆　◆　◆

一九八〇年代早期之前，幾乎所有美國大麻都是種植在戶外，在加州洪堡德郡的山坡上，在農場地帶的玉米田裡（大麻和玉米的生長條件類似），在各地區幾乎每戶人家的後院裡，遠比所有人以為的還多。一九八二年，雷根政府很懊惱地發現沒收的大麻量只有官方所估全美總量的三分之一強。過沒多久，雷根發動雄心勃勃的全國運動，徵募各地的執法部門，而且首次動用軍隊來掃蕩國內大麻產業。

儘管政府這場運動未能根除大麻種植，但的確改變了遊戲規則，迫使大麻和種植者適

5　大麻的基因革命讓人想起早期園藝上的另一個分水嶺：一七八九年中國月季（*R. chinensis*）傳入歐洲，這首次讓人培育出一季開花多次的玫瑰，最終促成了四季開花的混種茶香玫瑰的誕生。無論是玫瑰還是大麻，人們想要一株能在八月再次綻放的玫瑰或是能在北方生長的精育無籽大麻，這種欲望配上人類遷徙移動的能力，促成了兩條已分化數千年的植物演化支系再次統合。在這兩個案例中，引入地球另一端的植物基因，開創了人類原本難以想像的全新可能。——作者註

應。來自印第安納州的種植者對我說：「政府把我們全趕到室內去了。」在室內，在熾熱的金屬鹵素燈下，Sativa與Indica的雜交品種達成某種完美。

早期在室內種植大麻的人，基本上是設法把室外種植的條件及做法搬進室內，在土壤裡種植標準尺寸的大麻，燈光及養分設法設計成大致模擬大自然。但是，培育者很快就發現，自然反而是在限制大麻這種特殊植物，阻礙大麻發揮全部潛力。透過巧妙地操縱環境五大要素，亦即水、養分、光、二氧化碳值和溫度，再加上植物遺傳學的知識，種植者發現大麻這種隨和的草本植物原來可以創造奇蹟。

讓大麻雜交以適應室內環境的工程，大部分於一九八〇年代初期由太平洋西北地區的業餘愛好者完成。Indica基因比重高的品種在室內的表現特別好，發現這一點之後，人們又進一步培育和選擇，以種出矮小、高產量、早開花和更有勁的植株。沒人知道這種植物的潛力到底有多大，只是到八〇年代結束時，已經出現Sativa與Indica雜交品種，高度不超過人的膝蓋，侏儒身材上開著拳頭大的花。在這段期間，大麻遺傳學高度發展，找到THC（四氫大麻酚，大麻作用於人類精神的主要化合物）濃度達十五％的精育無籽大麻已經不是什麼稀罕事。（在開始掃蕩大麻種植者之前，根據美國緝毒局的資料，一般大麻的THC含量是二％到三％，而精育無籽大麻則是五％到八％。）如今，THC高達二〇％的情形也不是前所未聞。大麻適應奇特新環境的能力優異到出乎任何人預料的地步。反毒戰爭之於大麻，就像地球暖化之於大部分植物界，是場浩劫，但某些物種卻會化危機為轉機，進而擴張生存版圖。大麻在其禁忌中蓬勃生長，同樣的道理，另一種植物也可能在特別酸的土壤中茁壯。

隨著遺傳學進步，技術也進展迅速。正如某位種植者所說：「在室內，農人就是自然之母，甚至更棒。」一九八〇年代，大麻種植者發現他們可以藉著供應可掌控的養分、二氧化碳和光線給植物，來加速光合作用，所以大麻的成長速率及收穫量大有進展，而且事實證明進展驚人——終究大麻就是草。種植者發現，他們的植物可以吸收數十萬單位的流明（這樣的光量足以致盲），而且全天二十四小時都可以。接下來，靠著猛然把植物攝入的光照量減到每天十二小時，而且把金屬鹵素燈換成頻率更接近秋天陽光的鈉燈，就可以把植物嚇得還不到八週大就開花。只要有適當設備，室內大麻農可以為自己的作物創造出烏托邦，比大自然裡任何地方都要完美的人造棲地，而他那歡天喜地的大麻草也會欣然回應。

若碰到雄性大麻株，這些無微不至的照料都成為浪費；公株對生產精育無籽大麻不僅無益還有害。大麻雌株只要沒有受粉，就會繼續產出新花萼，花朵長度穩定增加。在這種持續的性交受困狀態中，大麻雌株也繼續產生出大量富含THC的脂液。但即使只有幾粒花粉接觸到雌株花朵，這個過程就會突然停下，不再產生花蕾和脂液，雌株就會開始產籽，精育無籽大麻也就毀了。

用種子來種大麻的人在雄株一顯現性別時就會將其淘汰，但是因為在大麻成熟之前無法辨識，所以有很多時間空間就浪費在種植雄株。解決之道是不用種子，改種阡插苗，就是由已長成的雌性「母株」上取下來的枝條。從這些「幸運」的雌性角度來看，這種做法是演化上的福音，可以繁殖基因同時又不讓基因被稀釋；相對地，有性繁殖中基因會遭稀釋。（至於阡插對大麻這個物種全體來說是否稱得上福音，誠如蘋果的故事所示，其實是遠不能肯定的。）因為阡插苗基因完全相同，保證是雌性，還被發現從一開始生理就已成熟，所以即使只長到十五或二十公分高，也能進行催花。

到一九八七年，各類不同的進展和技術融合成最先進的室內大麻種植體系，最後被稱為綠海（Sea of Green）：數十株由阡插枝條長出來的大麻植物，相同基因，緊緊相挨，在高強度的燈光下成長。一座「綠海」園由上百株大麻組成，空間不超過撞球檯大小，用一對千瓦燭光燈泡來照射，可以收成一點四公斤的精育無籽大麻，前後只要兩個月。

◆　◆　◆　◆　◆

在離開阿姆斯特丹之前，我想去探訪現代的大麻種植園。我和一位離鄉背井來此的美裔種植者成了朋友，就在我行程最後一個晚上，他答應讓我看他的園子。好幾天以來，我一直在誘使他邀請我，看得出來他是在從事非法職業的謹慎與身為園丁那壓抑不住想炫耀的欲望之間掙扎，最後還是園丁占了上風。

他的園子位在阿姆斯特丹北郊的工業區，坐火車要半個小時。在火車上他告訴我，選擇這個小鎮是因為鎮上有糖果廠、麵包廠和化工廠。大麻植株，尤其是Indica，會散發出強烈的辛辣氣味，他指望那三個鄰居的刺鼻臭味能掩飾自己那些植物會洩底的氣味。

當我們來到這位種植者的家，他把我帶到樓上。在黑暗、狹長而又混亂的走廊盡頭，他猛地拉開了緊閉的門，首先強烈熾白燈光撲面而來，然後氣味如此重，感覺就像鼻子挨了一拳。汗味、植物氣息、類似硫磺的氣味，這房間就像亞馬遜的儲物櫃。

等眼睛適應光線後，我走進了一間無窗小室，不比大型冷凍庫大多少，擠滿了電器設備，電纜和塑膠管子糾纏在一起，與外面世界完全隔離。房間一半以上被這位農藝者的「綠海」所占據，這片三點三平方公尺的苗床，已經完全被鋸齒狀的深色樹葉叢林覆蓋。人造微風吹來，這片叢林輕輕晃蕩。這兒可能有一百株扦插大麻，每株都不到三十公分高，但都已經長出毛茸茸的花萼，有如手指頭般粗，徒勞無功地搜尋空氣中飄散的幾粒花粉。由細小塑膠管組成的網路給這些植物供水，一罐二氧化碳使空氣「變得甘甜」，夜裡陶瓷暖爐會讓大麻的根部保持溫暖，每天十二小時，四具六百瓦燭光的鈉燈以光線熾焰沐浴著大麻。另十二個小時大麻處於完全的黑暗當中。大麻種植者嚴肅地告訴我，若有光線射入，哪怕時間再短，都會毀掉整個作物。

這個園子一點都不美。即使種植大麻將來變成合法，也不會有人為了大麻花的美觀而去種植：這些花蕾毛茸茸，聞起來有汗味，長得像頭皮屑。這間極權的溫室裡還有怪異的反常，裡面實行嚴格的單一種植，基因相同的植物以同步成長，表面上是要獻給戴歐尼索斯的這種植物園裡，實際上奉行阿波羅式的控制。

只是對於園丁而言，這個會引發幽閉恐懼症的小室中也有不少值得欽佩的地方。我從沒見過看來更為熱情奔放的植物；儘管事實上它們是被強迫以極其不自然、甚至是扭曲的方式生長：過分培育、過分餵養、過分刺激、被加速、被變為侏儒，而且一切同時發生。大麻植物似乎在說：「樂於效勞！」猛吸二氧化碳、狂嗾肥料、啜飲水漿，把自己置於如此明亮炎熱甚至讓我不能直視的燈泡下。為回報這麼一種很少有植物見識的鼓勵機制，在這個月結束前，這百來株貪婪、惡魔般的侏儒就以一點三公斤的脫水大麻花蕾來答謝它們的種植者，市價大約一萬三千美元。

這實在太瘋狂了，我很快就在琢磨要再幾分鐘才能禮貌地請求告退，到外頭呼吸正常空氣。回阿姆斯特丹的火車上，我試圖為這種特殊的瘋狂理出某種意義。當然，此地曾有相當聲名狼藉的先例，那樁歷史軼事中人們全心投入於某種特殊植物的程度同等熱烈。在那場蠱惑這個城市的鬱金香狂熱中（最後一次能以花卉換取巨富），種植者也以類似的執迷竭盡全力，用防賊警報器來保護他們珍貴的花朵，用鏡子來壯大鮮花的盛況，卻完全沒注意到他們的世界已萎縮到一場狂熱夢境的規模。

有人會說，當時與現在的狂熱之夢是相同的。的確，十七世紀鬱金香跟二十世紀大麻都有發財的奢想在支撐。只是在鬱金香的案例中，最終催燃了瘋狂的因素除了錢財以外別無他物，而大麻這些另類、較醜的花肯定不同（大麻花蕾外表醜陋有如糞塊，還流滿了脂液）。鬱金香狂熱的源頭是人類渴求奇異的視覺之樂，或者美感，但這並不持久，美終究讓位給身分地位及財富，因為這兩種欲望才能驅使其他方面都很理智的荷蘭民族，循著鬱金香花之北極星來為生命導航。而且到最後，純粹的商業投機掏空了美的欲望，以致沒人注意到，實體的鬱金香不知何時已經被僅象徵花朵的紙上承諾所取代，留下的只有期貨合約上的文字。

大麻園裡的瘋狂出於另一種秩序。雖然也財欲橫溢，但仍深深根植於人類追求快樂的欲望——不管實際上是什麼，仍根植於這種花能影響人類意識經驗的化學物質。這種欲望必定極其強烈——人類對大麻花蕾的激情，以及花蕾需索的價格已經證實這一點，或許花蕾的禁忌之力也證實了。只是，對我而言，我曉得自己對這種欲望一無所知，毫無頭緒。那麼這些植物究竟蘊含什麼知識？為什麼這些知識會被極力禁止？

◆ ◆ ◆ ◆ ◆

除了愛斯基摩人這孤伶伶的例外，地球上沒有民族不使用精神活性植物來影響意識變化，而且可能自始至終都沒有這種民族。至於愛斯基摩人的例外反而證明這條規律，因為觀諸歷史，愛斯基摩人沒有使用精神活性植物是因為這類植物中沒有一種可以生長在北極地區。（白人一傳入這種東西，愛斯基摩人馬上就加入改變意識的行列。）這一點顯示，改變人類意識體驗的欲望可能舉世皆然。

這一點也不侷限於成人。醫師兼作家安德列．威爾（Andrew Weil）寫過兩本很有價值的書，將意識的改變解釋為「人類基本的活動」，他指出即使很小的孩子也在探索改變知覺。他們會旋轉個不停，直到暈頭轉向（藉此產生幻視），會故意過度換氣，或相互掐脖子直到幾近昏厥，會去吸入他們能夠找到的任何濃烈氣體，而且每天都在尋求精製糖果所帶來的強勁能量（糖是兒童的植物性麻醉品）。

誠如孩提時代這些例證所示，使用藥物並不是唯一可以改變意識狀態的方式。各種活動，如冥想、禁食、鍛鍊身體、逛遊樂園、看恐怖電影、極限運動、剝奪感覺或睡眠、唱聖歌、聽音樂、吃辛辣食物、冒各類極端危險，這些都能在某種程度上改變我們心理經驗的內容。我們最後可能發現，精神活性植物在生物化學層面上對大腦的影響，與這些活動其實很相似。

在滿足改變精神狀態這種欲望上，人類各文化所使用的植物極不相同，但是，所有文化（愛斯基摩人除外）都認可至少一種這類植物，而其他作用類似的植物則絕無例外地大力禁止。禁忌似乎總是伴隨著誘惑。各種文化在這種植物與那種植物之間劃出分明的界線，箇中理由對文化內部更有意義，因為這些理由是植根於文化本身的價值觀念和傳統，而不在文化之外。然而，文化贊同某種植物而禁止別種，其理由常常會隨著時空而變；某種文化的靈丹妙藥，常常是另一種文化的萬惡之源，想一想酒類在西方基督教世界與在東方伊斯蘭教世界不同的傳統角色就可明白。而且，隨著時間推移，某種文化的靈丹妙藥還可能變質為同一文化的萬惡之源，比如西方鴉片在十九世紀與二十世紀的境遇就完全相反。[6]

歷史學家比科學家更能解釋這種流變，原因是這些流變通常與各種化學分子的固有本質關係不大，而與文化賦予植物的力量及文化變動不停的需求關係密切。在美國文化的不同時期，大麻擁有的力量分別是助長暴力（一九三〇年代）及懶惰（現今），相同的化學分子，效應完全相反。提倡某種植物性麻醉品而禁止別的，可能只是文化用以界定自我或是加強凝聚力的手段罷了。能夠改變人類情感及思想的神奇植物，會同時激發種種迷戀與禁忌，其實並不令人驚訝。

◆ ◆ ◆ ◆ ◆

相比之下，更難理解的是，幾乎全人類和種類也不算少的動物一開始為什麼會產生此種欲望。從演化的立場來看，生物攝取精神活性植物究竟有什麼好處？也許壓根就沒有好處。

認為任何事物的存在都有達爾文演化論的合理原因，這樣的假定是種謬誤。某種欲望或行為即使普遍存在，也不必然意味著能提供演化優勢。

事實上，人類使用麻醉藥的傾向很可能是兩種不同調適行為的副產品。至少史蒂芬・平克在《心智探奇》（*How the Mind Works*）一書中提出這個理論。他指出，演化賦予人類大腦兩種在過去毫不相干的本領：較優秀的解決問題能力以及內在的化學獎酬系統，比如人做了非常有用或是英勇的事，大腦就會湧出讓自己感覺很好的化學物質。將第一種能力運用在第二種上，人類就變成了知道怎麼用植物來激發大腦中獎酬系統的生物。

但是，這麼做對我們不必然有好處。研究動物迷醉現象的專家隆納德・席格爾就指出，靠植物來獲得快感的動物會更容易發生意外，對掠食者更無抵抗力，較不喜歡照顧後代。迷醉其實很危險，但這加深了一個謎團：為何人類不顧上述危險，想扭轉意識的欲望仍那麼強烈？或者換種說法，為什麼這種欲望沒有消失，成為達爾文式競爭下的犧牲品——畢竟，應該是「最清醒者生存」，不是嗎？

古希臘人了解，有關麻醉品（以及人生諸多奧祕）的「非此即彼」問題，答案大多都是「兼而有之」。戴歐尼索斯的酒既是天譴又是天賜福。只要小心使用，環境恰當，許多麻醉植物的確會讓吃下的動物獲得不少好處；稍稍調整一下大腦的化學物質確實很有用。紓解痛

6 在工業革命之前，抽菸與喝咖啡在西方社會曾是禁忌。德國歷史學家沃夫岡・希維爾布施（Wolfgang Schivelbusch）指出，之後這兩種藥物之所以獲得社會接受，是因為有助於工業化「將人類勞動從以體力為主調整為以腦力為主」。——作者註

苦是許多精神活性植物賜予的恩澤，但只是其中最明顯的一項。植物性興奮劑如咖啡、古柯葉和阿拉伯茶都能幫助人們集中精神工作。亞馬遜河流域的部落使用特殊植物來幫助他們打獵，增強耐力、視力和力量。有些精神活性植物可以解除壓抑、激發性欲、消除或激勵侵略性，以及平息社會生活帶來的波折。還有些植物可以減緩壓力，幫助人們入睡或者熬夜，讓他們可以承受苦難或無聊。這些植物都是心理工具（或至少有潛力是），知道如何適當使用這些工具的人，比不知道的人更能對付日常生活。

◆　◆　◆　◆

然而，以上只是程度較輕的案例，植物只是讓日常生活的散文出現抑揚頓挫，而未重新改寫。「透明」這個語彙是用來描述那些對意識的影響極其微妙，而不至於干擾人過日子、盡義務的麻醉物。像我們文化裡的咖啡、茶、菸草，以及別的文化裡的古柯葉、阿拉伯茶，都不至於更動服用者的時空座標。然而，力量更強的植物能夠扭曲使用者的時空感受，以至於脫離日常生活，甚至是渾然忘我，那又該當如何？

對那些植物，各文化都傾向小心處理，而且理由良善，因為它們對社會秩序的順利運作造成威脅。或許正因如此，大多數最複雜、現代世俗的社會都認為這些植物理應禁止。即使認可這些植物的文化，也要給它們披遮上精心設計的規則和儀式當外袍，以便含納、規範它們的力量。所以，這些魔力是什麼？又為何受到人們推崇，不僅各類社會中最愛好冒險的人大加讚揚，某些情況下，甚至整個社會都喜歡。因為，許多文化把這些植物視為神聖之物。

◆ ◆ ◆ ◆ ◆

迄今尚未有人寫過世界宗教自然史的專書，但我們對這樣一本書會講述什麼樣的故事多少心裡有底。除了別的內容，該書會迫使我們重新思考「物」與「心」之間的關係，尤其是植物性物質與人類精神之間的關係。這樣一部宗教自然史將會告訴我們，精心特選出來的一批精神活性植物和真菌（包括烏羽玉、毒蠅傘、裸蓋菇、麥角菌、發酵葡萄、死藤和大麻），在幾種世界宗教誕生時就在現場。全球最早出現的宗教之一，是古代中亞地區印歐民族的蘇摩（Soma）崇拜。根據其聖典《梨俱吠陀》，蘇摩就是擁有神力的致醉物。人們崇拜這種麻醉藥，視之為通往神聖知識的途徑。民族植物學家認為蘇摩就是毒蠅傘，一種又稱毒蠅鵝膏菌的真菌。

在個人或群體的實驗下，大致相同的過程在整個古代世界一再出現。人們利用植物的力量超越此時此地，入迷狂喜，進入別的天地。人們發現，某些植物或者是蕈類（民族植物學家稱之為entheogen〔宗教致幻劑〕，theo〔神〕就在其中）能打開通往他界的門戶，造訪死者或未出生者的靈魂、看見死後世界的景象、了解生命奧義的解答，由這些旅程攜回的影像及言語，力量都強到足以令人相信靈性世界，而且在某些情況中，足以支撐一整個宗教。當然，植物性麻醉藥並非引發宗教狂喜的唯一技巧，齋戒、冥想和催眠都可以達到同樣的效果，只是這些技巧經常是用來探討由植物致幻劑照亮的靈性領域。

宗教自然史若存在，講的故事便會是人類的神聖經驗其實深深扎根在精神活性植物及蕈類（卡爾·馬克思把宗教稱作人們的鴉片，或許已追溯回源頭）。這並不是在貶抑任何人的宗教信仰，相反地，某些植物可以召來靈性知識，而這正是許多宗教界人士都深信的，誰能說那樣的信仰有錯呢？精神活性植物正是橋樑，連通物質與靈性的世界，若用現代語彙表達，就是化學與意識世界。

• • • •

植物要製造如此神祕的化學物質去影響人類意識，是多麼神聖的把戲，以至於植物變為聖物，受到人類虔誠地照顧及傳布。這就是毒蠅傘在印歐民族中的命運，而美洲印地安人的烏羽玉，以及印度人、斯基泰人和色雷斯人中的大麻，還有古希臘人[7]和早期基督徒的葡萄酒，命運莫不如此。

正如同人類對美及甘甜的欲望為世界上能滿足此類欲望的植物引進了新的求生謀略，人類渴求精神超脫的欲望也為另一群植物創造了新機會。宗教致幻的植物或蕈類一開始生產化學分子的原因，都不是為了滿足刺激人類產生幻象的欲望，其動機遠可能是對抗害蟲。可是一旦人類發現那些化學分子能施展超出植物本身意料的魔法，能夠產出那些化學分子的植物就突然擁有邁向繁榮茂盛的全新途徑。而從那時起，這就是擁有最強魔法的植物一直在做的事。

• • • • •

我們對於超越日常經驗的欲望不僅體現於宗教，也體現在人類其他盡心做的事，而那些事受到精神活性植物影響之深，可能超出我們的認知。我們知道，我們擺放宗教自然史的書架上可能還需要文學與哲學的自然史，或者發現與創造的自然史，又也許，我們需要的只是一部書：想像力的自然史。

在想像力的自然史書中某處，我們一定能找到篇章，裡頭探討鴉片罌粟及大麻在浪漫主義時期想像力中的地位。許多英國浪漫派詩人都服用鴉片，這很多人都知道，而拿破崙的部隊把大麻脂帶回國後，幾位法國浪漫派詩人也很快就試過。比較難以釐清的是：這些精神活性植物在我們稱作浪漫主義的人類感性革命中，確切扮演什麼角色。文學批評家大衛・藍森（David Lenson）相信它們的角色至為關鍵，他說，山繆・泰勒・柯立芝（Samuel Taylor Coleridge）認為想像力是可以「消融、擴散、揮發，以便重新創造」的精神能力，這個想法至今在西方文學中仍餘波盪漾，且若不參考鴉片造成的意識變化，根本無從理解。

藍森寫道：「想像力續發或變形這個觀念，在西方世界建立了藝術創造力的模式，時間始自一八一五年，直到越戰西貢陷落。可以預見，藉由這種『消融、擴散、揮發』，濟慈所稱的『厭倦、狂熱和煩惱』（即固定、死板之物組成的世界）消滅了，藝術家開始移向偶然的、即興的、無意識的領域。」不僅浪漫主義詩歌，現代主義、超現實主義、立體派和爵士

7 從希臘人對酒效用的描述來判斷，他們很可能曾在葡萄酒中加入各種精神活性草藥。我們也有理由相信，他們在宗教中也使用過麥角菌和毒蠅傘。——作者註

樂，都在柯立芝變形想像的理念中汲取養分，而這個理念又受到精神活性植物的滋養。藍森再寫道：「就算評論界再怎麼淨化此一過程，我們仍不得不面對事實，我們認為最權威的某些詩人及理論家，表面談論的是想像，實際上談論的卻是嗑藥後的嗨。」[8]

奇特的是，浪漫主義作家一開始時相信，麻醉品比較是在增強他們的哲學能力，而非詩學能力。湯瑪斯．德昆西（Thomas De Quincey）覺得，鴉片讓哲學家「具有內視之眼及直覺力量，得以看到我們人類本質的景象與祕密。」十九世紀美國作家費茲．休夫．拉德洛（Fitz Hugh Ludlow）宣稱自己在大麻脂的魔法下與某位古代哲學家有過重要的晤會。這一切都叫我好奇：古代哲學家裡，是不是有些人自己就跟神奇植物有過重要邂逅呢？

至少，在我得知希臘古典時期許多重要的思想家（包括柏拉圖、亞里士多德、蘇格拉底、艾斯奇勒斯和尤瑞皮底斯）都參加過「艾琉西斯神祕祭儀」（Mysteries of Eleusis）之後，我首先浮上心頭的就是這個疑問。名義上，艾琉西斯的神祕祭儀是祭祀五穀女神狄米特的豐年祭，事實上卻是個狂歡儀式，參加者都吸食某種強烈迷幻藥。其處方有部分仍然成謎，但是學者認為裡頭的活性成分很可能是由麥角菌（*Claviceps purpurea*）感染穀物所產生的生物鹼，其化學成分及效用都像強烈迷幻劑麥角酸二乙胺（LSD）。代表古典文明之光的智者在這種麻醉藥成分影響之下參與社交性的原始宗教儀式，這儀式如此神祕、轉化力量如此強大，以至於參與者都立誓緘默，我們無從了解哲學家或詩人可能從那般旅程中帶回了什麼（假如有的話）。但是若問如此體驗是否有助於激發柏拉圖的超自然形上學——認定世界萬物在我等感官無法企及的第二世界中具有其真實或理想的形式，這個問題是否很古怪？

某些藥物影響我們知覺，其中有種作用是讓我們周遭的物體變得疏離陌生，讓最平常的事物變美，直到變成自身的理想範本。大衛．藍森在《論麻醉藥》（*On Drugs*）當中寫道，在大麻藥效還在時，「每件東西都更清晰地代表其所屬類別。茶杯『看起來像』柏拉圖的『杯子的理型』，風景看來像畫出來的，一個漢堡就代表世上曾產出的數兆個同類，凡此種種不一而足。」精神活性植物可以開啟大門，通往充滿「原型形式」的世界，抑或讓原型形式能夠出現。這類植物或真菌是否對柏拉圖造成這樣的影響，現在當然不得而知，而且如此揣測都有幾分不敬。但是，若要探索一個如柏拉圖那般真知灼見且奇特的形上學源頭，顯然這不失為不錯的方向。

◆ ◆ ◆ ◆ ◆

借用英國動物學家理查．道金斯（Richard Dawkins）在一九七六年《自私的基因》一書中創造的術語來說，柏拉圖式的杯子和柯立芝的想像都是「迷因」（meme）。迷因就是足資記憶的文化資訊單位，可以小自一首曲調或是一個比喻，也可以大至一套哲學或是宗教概念。地獄就是迷因，畢氏定理也是迷因，還有披頭四的專輯《一夜狂歡》、車輪、《哈姆雷特》、實用主義、和諧、廣告標語「牛肉在哪裡？」等等都是迷因，當然，迷因這個概念本身也是

8 另一位文學評論家薩迪．普蘭特（Sadie Plant）曾主張，柯立芝所提出的「暫時停止懷疑」（suspension of disbelief）這一概念，也可以追溯到他使用鴉片的經驗。——作者註

迷因。道金斯的理論是說，文化演化中的迷因就有如生物演化中的基因。（不過，迷因不像基因，沒有物質基礎。）迷因就是文化的構建，以達爾文式的過程，從一個大腦傳到另一個大腦，通過試錯帶來文化創新和進步。證明自己最適應所處環境的迷因，換句話說，最有助於人們記憶的迷因，最可能留存下來，不斷複製，而且公認為善良的、真實的與美麗的。任一特定時刻，文化都是「迷因池」，我們就在這池中游泳，或者說迷因池水由我們之間流過。

每當新的迷因被引入和流行起來，文化就發生變化。新迷因可以是浪漫主義、複式簿記、渾沌理論或寶可夢（甚至是迷因概念自身，它似乎在今日大受歡迎）。因此，新的迷因到底來自何方？有時候，它們以成熟的形態從藝術家或科學家、廣告文案寫手或青少年的大腦中突然冒出。新迷因的產出通常涉及突變過程，就如同大自然環境中的突變可以導致有用的新遺傳性狀。迷因以新方式融合起來時會突變，或是使用迷因的人犯了錯——例如誤讀或以錯誤方式詮釋舊迷因，從而造就新的事物。舉例來說，柯立芝那變形想像力的概念，除了自身就是新迷因，也是一種卓越的技巧，可以產出其他新的迷因。

我閱讀道金斯的論著時，突然想到他的理論提供了有用的方式來思索文化中精神活性植物的效用，了解它們在宗教、音樂（例如爵士樂或搖滾樂的即興創作）、詩歌、哲學及視覺藝術演化過程各關鍵時刻所扮演的角色。這些植物毒素的作用若就像某種文化誘變劑，也像放射線那樣影響生物基因體，那會如何？無論如何，它們是一些化學物質，擁有改變心智結構的力量，能激發新的比喻、看待事物的新方法，而且偶爾還能導致全新的心智結構。用過精神性藥物的人都知道，它們會產生很多心智錯誤，此類錯誤大部分毫無用途，有些甚至更糟糕而有害，但有些卻必將成為新洞見或暗喻的根源。（假如文學批評家哈洛・卜倫〔Harold Bloom〕的「創造性誤讀」理念可信的話，西方文學較精彩的部分也源於這些錯誤。）這些化學分子本身不會在人類大腦的迷因庫中增添任何新東西，就像放射線也不會增加新基因。但是，它們引發知覺改變、打破心智習慣，而這些無疑是我們運用想像力改造心智和文化中既定模組的方法和模式，從而改變自己承襲下來的迷因。

◆ ◆ ◆ ◆ ◆

冒著詆毀自己想法的危險，我還是得承認我有些想法得歸功（程度多大我不敢確定）於精神活性植物。我一邊抽大麻而覺得嗨，邊閱讀《自私的基因》，突然想到精神性藥物有可能是文化誘變劑，至於抽大麻是否明智則見仁見智。但姑且不論其價值，至少這個想法很新鮮（本身是道金斯迷因概念的突變），而且我的確懷疑，假如那天晚上我讀道金斯作品時沒抽點大麻，可能不會這樣想。（我原本希望自己能夠說先前思考柏拉圖時也是如此，但那次我什麼都沒嗑，清醒得不得了。）

我知道，我說過自己不太喜歡吸食大麻。但研究就是研究；此外我到阿姆斯特丹時，與大麻之間的關係有翻天覆地的變化。在那裡我耳聞大麻改進如此之大，覺得有必要再試一次，而且我很快就發現這種大麻至少不讓我感覺愚蠢或陷入妄想。

我想，不愚蠢的部分可以歸功於大麻育種的進展，得以培育出引發截然不同心智效應的品系。在高端市場，這讓人們開始鑑賞，不僅嘗大麻的口味或香氣，還看大麻引發飄然感時產生了哪些特定的心理感觸。某些品系（一般是Indica基因比例較高者）會讓人昏昏沉沉；另一些（通常是Sativa基因較多的）則讓思緒清晰流暢，身體不受影響。我碰到有些大麻農用「白領」、「藍領」之類的詞彙來談大麻。我個人偏好的品種是令人振奮的，顯然有助於推理與思考。

至於不偏執妄想的部分，還記得我是身處荷蘭，一個人們可以毫不畏懼公開抽大麻的國家嗎？大麻這種精神藥物因容易受到暗示影響而聲名狼藉，而美國反毒戰爭對大麻經驗的影響，真是大到無法估算。作家艾倫・金斯堡（Allen Ginsberg）在一九六六年某期《大西洋月刊》（*The Atlantic Monthly*）有篇文章談論的是大麻的智能用途（現在這話題已經超出人們的接受範圍了，如今大家或許可以談論大麻的醫藥用途，至於「智能」？），他認為大麻有時候會引起的負面感覺，如焦慮、害怕和妄想，「可追溯至法律對意識的作用，而非麻醉藥」，因此他偏好到海外去吸食大麻。專家談到，任何藥物塑造帶給人的體驗時，「心理狀態與場景」是關鍵因子，而大麻尤其如此，大麻總是無一例外地滿足人的期望，無論那期望是好是壞。藍森把大麻稱做「偉大的附和者，不管什麼都支持，而很少帶入自己的東西，甚或沒有。」依我自己的經驗，要靠大麻來改變情緒並不牢靠，大麻只會強化情緒。與十來名同好舒服地在咖啡店裡一起抽大麻，我找不到理由感到變得偏執，而大概這便是我沒有變得偏執的原因。

在論述這種現象時，安德列・威爾把大麻描述為「活性安慰劑」。他認為大麻本身並沒有創造，而只是觸發我們認定為「嗨」的精神狀態。同樣的精神狀態，也能夠由其他方式來觸發，如冥想或有氧運動，還可以免除大麻本身所帶來的「生理噪音」。威爾相信，現代唯物主義觀念認定抽大麻在嗨的人所體驗到的，某種意義上是大麻這植物（或者是THC）自身的產物（精神性藥物使用者及研究者總這麼認為），但這其實有誤；事實上，那是心智創造出的產物，或許受了大麻鼓動，但自成一格。

整椿事實的真相可能就像往常一樣，是位於兩者之間的某個地方。的確，無法單用化學物質的角度來解釋大麻帶來的心理體驗太過多樣，不僅因人而異，而且每次都不同。與此同時，這種特殊植物的化學成分，舉例來說，必然與塞尚圖畫裡新奇的空間知覺（金斯堡在那篇大西洋月刊的文章中就提到這一點）、薩滿攜回的宗教頓悟，甚或我自己對突變迷因那些天馬行空的揣測，都有特定的關係。在同樣的大腦中，鴉片很有可能會引發不同的念頭。我們假設化學分子與心理之間有某種因果關係，但究竟是什麼，卻沒人真正知道。

誠如使用過精神活性植物的巫師、薩滿及鍊金術士所了解的，它們位在心與物的交界，那裡兩者無法簡單區分。在此我們談論的當然是意識，而意識正是邊疆，是我們以唯物方式來理解大腦的終點——至少現在是如此，更可能永遠都如此。大麻這類植物引人入勝之處是可以把我帶往邊疆，而且關於另一邊潛藏了什麼事物，它們可能有些知識可以教導我們。我們常會寵溺地調侃像艾倫・金斯堡那樣的詩人，因為他們相信大麻是探索意識有用的工具。但事實證明，他們也許是對的。

◆ ◆ ◆ ◆ ◆

一九六〇年代中期，有位名叫拉斐爾・梅喬勒姆（Raphael Mechoulam）的以色列腦神經科學家鑑定出大麻裡主掌精神活作用的化合物是THC。這種化學分子的結構不同於自然界裡已發現的任何物質。梅喬勒姆長年著迷於大麻作為藥物使用的古老歷史（大麻在許多文化中都是萬用藥，用來醫治疼痛、痙攣、噁心、青光眼、哮喘、經痛、偏頭痛、失眠和抑鬱，直到一九三〇年代遭禁為止），認為把這種植物的活性成分抽離出來值得一試。然而，正是由於大麻在六〇年代成為廣受歡迎的娛樂用藥，還有隨後政府在憂慮下譯出資源來支持這類工作，以及許許多多其他的大麻成分研究，這些總合起來，我們才得到比任何人料想得多的大腦活動相關知識。

一九八八年，聖路易斯大學醫學院專家艾琳．豪利特（Allyn Howlett）發現大腦中有特定的受體在處理ＴＨＣ，這種受體是種神經細胞，ＴＨＣ會像鑰匙開鎖一樣與該受體結合，使之活化。受體細胞是神經細胞網的部分；人腦中與多巴胺、血清素和腦內啡有關的系統，就是這類網路。某一網路中的細胞一被化學鑰匙活化，就會做許多種事，如釋放化學信號給其他細胞、啟動或關閉某個基因、變得更活化或更不活化。依所涉及的神經網路，這個過程可以引發認知、行為或生理變化。豪利特的發現指出了大腦中有一種新網路。

豪利特發現的大麻素受體數目龐大，遍及整個大腦（還有免疫及生殖系統），但聚集在某些部位，而大麻能改變這些部位負責的心理過程，包括大腦皮質（高階思考的發生地）、海馬迴（負責記憶）、基底核（負責行動）和杏仁核（負責情緒）。奇怪的是，神經系統中有個地方沒有大麻素受體的蹤影，那便是腦幹，即負責調節不隨意功能如血液循環及呼吸的部位。這一點或許可以解釋大麻毒性為何很低，事實上從沒聽說有人攝取大麻過量而致死。

基於「人類大腦不會為了享受大麻的快感而演化出特殊結構」的假設，研究人員推論，大腦必定會自行製造類似ＴＨＣ的化學物質，而目的迄今未明（在此能派上用場的科學範式是腦內啡系統，取自植物的鴉片和大腦產出的腦內啡都能激發這個系統）。一九九二年，也就是發現THC大約三十年後，拉斐爾．梅喬勒姆和威廉．迪文（William Devane）合作，找到了大腦的內源性大麻素。他取名為anandamide（AEA，花生四烯酸乙醇胺），取自梵語中「內在賜福」（ananda）一詞。

幾乎可以肯定梅喬勒姆及豪利特會在未來不久榮獲諾貝爾獎，因為他們的發現開啟神經科學的新分支，極有可能翻新我們對大腦的認知，而且衍生出全新系列的精神性藥物。神經科學家現在追隨他們的研究，忙著找出大麻素網路的確切作用方式——還有我們為什麼一開始就有那種網路。

我向梅喬勒姆、豪利特還有他們幾位也在研究大麻素的同僚提出這個問題，他們的答案雖仍只是推測，卻深具啟發性。我得知大麻素的神經網路異乎尋常地複雜、功能多樣，部分原因是這網路似乎會調節其他神經傳導物質的活動，例如血清素、多巴胺和腦內啡。我向豪利特請教，這樣的神經網路可能有什麼目的，她自先列舉了大麻素的各種直接或間接作用：緩解痛苦、喪失短期記憶、鎮靜及輕度認知障礙。

「這些全都是亞當和夏娃被逐出伊甸園後想得到的。要讓夏娃克服分娩的痛苦，或者幫助亞當忍受終生的體力勞動，你不可能設計出更完美的藥物。」豪利特指出，子宮內竟然也能發現大麻素受體。她從而推斷AEA或許不只能減輕分娩的痛苦，還可以協助婦女稍後忘掉這份痛楚（很奇妙，痛苦是最難由記憶中喚回的感受之一）。豪列特推論，人類演化出大麻素系統，是為了協助我們忍受（同時選擇性遺忘）生命中常見的打擊與傷害，「這樣我們就可以在早晨起床，重新開始一切。」大麻素正是大腦為了適應生存環境而自己產生的麻醉藥。

拉斐爾．梅喬勒姆則認為，大麻素網路涉及調節幾種生物過程，包括痛苦管理、記憶形成、食欲、動作協調，還有可能最為微妙的情緒。梅喬勒姆指出：「我們對情緒的生物化學面向幾乎一無所知。」但他認為，我們最終會發現大麻素參與了大腦「將客觀現實轉譯為主觀感受」的過程。

梅喬勒姆說：「我看到孫子跑出來迎接我，就覺得快樂。在生物化學的層面上，我是怎麼把孫子跑來迎接我這項客觀事實轉譯為主觀的情緒變化？」大腦的大麻素或許正是仍未找到的那一環。

◆　◆　◆　◆

自然界中的一朵花（由原生於中亞的某一種草開出）產出的化學分子竟握有精準的鑰匙，可以開啟控制這幾層人類意識的神經機制，這可能性到底有多大？自然與心靈的這種對應固然很神奇，但仍必定有合理的解釋。要是如此獨一無二而複雜的化學分子對演化沒有好處，植物不會花那麼多成本去製造。因此，大麻為什麼會產出THC？沒人敢斬釘截鐵地回答，但植物學家提出幾種互有歧見的理論，而大部分與讓人嗨起來無關——至少一開始無關。

THC的目的可能是保護大麻免受紫外線輻射傷害，大麻生長在愈高海拔，產出的THC似乎就愈多。THC還有抗生素的特性，意味著也有助於保護大麻免遭病害。最後，THC還以複雜精巧的防衛機制為大麻對抗蟲害。大麻素受體可以在原始如水螅的動物上找到，專家認為在昆蟲身上應該也可以發現。可以想像，大麻產出THC是要用來迷惑攝食的昆蟲（以及更高等的草食性動物），可能會讓昆蟲（或者雄鹿、兔子）忘記自己在幹什麼，或者忘記上次是在什麼地方找到這種可口植物。但不論THC的目的是什麼，就如同拉斐爾・梅喬勒姆所述，絕不可能是「植物生產化合物來讓舊金山的小鬼嗨一嗨」。

還有沒有別種答案？我在阿姆斯特丹遇見的大麻植物學家羅伯特・康乃爾・克拉克就認為，這不會是像梅喬勒姆所講那麼牽強的概念。克拉克發現大多數的防禦理論都不充分，因此歸結說：「THC賦予大麻的演化優勢中，最明顯的是精神活性的性質，這能吸引人類注意，從而將這種植物散布到全世界。」

當然，梅喬勒姆和克拉克可能都對。不管THC原始目的可能是什麼，人類這種對試驗和園藝頗有天分的靈長類動物只要意外發現大麻的精神活性，這種植物的演化就走上新軌道，自此由這種靈長類及其子孫來引導。能帶給人類最多快樂或效果最強的大麻花，就是今日繁殖最多後代的種類。剛開始可能只是生物化學的偶然事件，卻發展成這種植物共演化的命運——至少也是諸多命運之一，即來到人類馴化的屋頂之下。

中文古字的「麻」，描摹一雌一雄兩植物處於同一屋頂下，即大麻進入人類的文化屋宅。大麻是人類最早馴化的植物之一（一開始可能是為了取纖維，後來當作藥物），與人類共演化了一萬年以上，以至於這種植物的原始形貌可能已不復存在。現在，大麻就跟波旁玫瑰一樣，都是人類欲望的產物。大麻在與我們的命運相連之前有何等命運，我們只有模糊的概念。

然而，大麻共演化的不尋常之處（可以與玫瑰或蘋果的共演化相比），在於它是沿著兩條歧異的道路發展到我們這個時代，兩條道路分別反映人類迥異欲望的影響力。第一條路顯然始自古中國，向西移到歐洲北部，然後一路到美洲，人們選擇這植物是為了長而堅韌的纖維（直到十九世紀，麻草纖維還是人類造紙及織布的主要材料）。而第二條路始自中亞某處，然後南下到印度，接下來轉進非洲，再從非洲隨著黑奴跨海來到美洲，同時隨著拿破崙的軍隊北移到歐洲，此路徑中大麻會被人類選上，是因為精神活性及藥效。一萬年之後，織布用麻草及藥用大麻涇渭分明如白晝與黑夜，織布用麻草產出的THC份量少到可以忽視，而藥用大麻的纖維一文不值（只是在美國政府眼中，這兩者還是同一植物，以至於施加在藥用大麻的禁忌，毫無意義地也注定了大麻纖維的命運）。很難想像還有哪種馴化植物比大麻更靈活——單一物種能滿足兩種如此不同的欲望，第一種欲望本質上或多或少屬於精神，而另一種欲望相當直白，就是物質。

◆ ◆ ◆ ◆

與我聊過的科學家都會滔滔不絕講述大麻的家系及生物化學，但關於大麻如何影響我們的意識經驗，他們幾乎都閉口不談。我打算了解的是，就生物學而言，說人很「嗨」，確切指的是什麼？我向艾琳．豪利特提出這個問題時，她的回答由幾個枯燥的字組成——認知功能障礙。認知功能障礙？好吧，但這不就在說性愛會讓人脈搏加快？答案本身完全正確，但無法讓你更接近問題（或者人類欲望）的核心。從多種角度撰文探討大麻的藥理學家約翰．

摩根（John Morgan）指出：「我們迄今無法以科學來了解意識，所以，我們怎能奢望用科學來說明意識的變化？」對於我的問題，即嗨在生物化學上是指什麼，梅喬勒姆只簡單回答：「我想，我們恐怕仍得把這類問題留給詩人。」

所以，看來神經科學家已經拋下我，留下我這個毫無科學頭腦的人帶著一小包大麻投靠一群可疑的詩人，包括艾倫．金斯堡、波特萊爾、費茲．休夫．拉德洛，還有（天啊！）卡爾．沙根（Carl Sagan）[9]——只是這裡的沙根還戴著一頂最傻氣、最不科學的帽子。我發現沙根在一九七一年匿名發表了自己抽大麻的經驗，說那讓他對生命本質有了「毀滅性的覺悟」，整篇文章誠懇且精采。[10]

只是，當我以文學及現象學來探究大麻體驗之際，我很快就省悟其實我已經從科學家獲

9 美國著名天文學家與行星科學家，他所主持和寫作的電視節目和書籍是英美廣受歡迎的科普作品。他也寫作科幻小說，並積極尋找外星文明。——編註

10 沙根寫道：「關於這種很嗨的狀態，有個迷思是，用藥者有種獲得巨大覺悟的錯覺，但這些覺悟到了隔天早上就禁不起檢驗。我相信這個迷思是錯誤的，那些在很嗨的狀態下獲得的驚人覺悟是真實的覺悟，主要的問題是，如何將這些覺悟轉化為某種形式，讓我們隔天那個完全不同的自我能夠接受。……如果我在早上發現前一晚的自己留下了訊息，內容說我們身邊有個幾乎無法察覺的世界，或者說我們可以與宇宙合而為一，甚至指出某些政治人物已經陷入極度恐懼，我可能會傾向不相信；但昨天藥物作用未退的我知道自己不會相信，因此錄了一段話，規勸自己要認真看待這些訊息。我說：『聽好了，你這個早上的混帳東西！這些東西是真的！』」沙根的這篇文章以X先生（Mr. X）的名義刊登於萊斯特．葛林史彭（Lester Grinspoon）所著的《重新審視大麻》（*Marihuana Reconsidered*）。沙根於一九九六年過世後，葛林史彭才揭露了X先生的真實身分。——作者註

取很有價值的東西。在更深入了解大麻對人類意識做了什麼、關於人類意識大麻可能教會我們什麼這兩點上，科學家無意間為我指出了方向。事實上，豪列特簡單的描述儘管不太文雅，卻可能很正確，因為我最後終於想到，某種很特別的「認知功能障礙」的確是核心所在。以下我試著解釋。

與我談過的科學家一致認定，喪失短期記憶是大麻素重要的神經效應之一。那些試圖描述大麻迷醉經驗的「詩人」也都以自己的方法指出這一點。以上所有人都談到重述數秒鐘前發生的事非常困難，還有若短期記憶未能正常運作，要跟上一段對談（或一篇文章）有多艱鉅。

但科學家表示，大麻的THC只是模仿了大腦內源性大麻素的活動。對大腦而言，這件事多麼離奇——生產某種化學物質來干擾自己生成記憶的能力，而且不只是痛苦的記憶！所以我寫了封電子郵件給拉斐爾．梅喬勒姆，詢問他為何認為大腦可能會分泌這麼一種效果不如人意的化學物質。

他提醒我，別以為遺忘是不如人意的，「難道你真想記起今早在紐約地鐵看見的每張臉孔？」

梅喬勒姆的說明多少有點隱晦，但協助我開始理解遺忘這種心智活動的價值被低估了。的確，遺忘是種心智活動，而非我以往所假設的，只是心智運作故障了。沒錯，遺忘可以是種詛咒，我們上了年紀時尤其如此。但是，遺忘也是健康大腦所做的一件相當重要的事，幾乎和記憶同等重要。試想我們清醒時每一分鐘感官會吸收多麼龐大而複雜的訊息，如果我們立刻忘掉的訊息沒有遠遠比記住的還要多，我們的意識很快就會被壓垮。

不論何時，我的五官向意識（感受外界的「我」）傳送的訊息都多如紛飛的暴風雪，沒有哪個人的心智能夠完全吸收。為了說明這一點，我試著捕捉眼前這種知覺瀑布的幾滴水，保存一點那些通常都會習慣性忘掉的東西。現在我的眼睛甚至不必移動，就看到了以下這些東西：我的正前方是我正在電腦螢幕上打出的字詞、字詞藍色的背景和亂七八糟的各種圖示，在一旁有我栗色木紋的書桌，有個滑鼠墊（上面印有字和圖案），光碟機上的透明小窗內有紅色CD在轉動，兩座書架上塞滿數十本書，書脊上的字我可以輕易讀出來，但是我沒那麼做。還有部灰色的塑膠暖氣機，一面藍色的文件夾（標題是「大麻剪報」）以令人不舒服的角度插在一堆文件中。有兩隻手，因飛快敲打鍵盤而看不清手指數量（一隻手上貼著OK繃，另一隻手上有反射的金色光澤），一隻穿著牛仔褲的膝蓋，兩隻手腕由綠色毛線衫袖口露出來，還有一扇窗戶（綠色窗框彷彿取景框，框起了一塊長滿青苔的大石頭、幾十棵樹、幾百條樹枝，千百萬片樹葉）。然後，眼前視野九成內容的四周則是我眼鏡的金屬框。

上述只是我眼睛看到的東西。與此同時，我的觸覺也讓我注意到肩膀後隱隱作痛、右手中指尖輕微灼痛（前天割到了），還有清涼的空氣由鼻孔鑽入。味覺嗎？紅茶摻了香檸檬（伯爵紅茶），早餐微微的鹹味還留在舌頭上（煙燻鮭魚）。配樂嗎？主要聲音是嗆辣紅椒合唱團，右側暖爐的呼呼聲是背景音，電腦冷卻風扇在左邊更低處轉動，點擊滑鼠的聲音、敲鍵盤的聲音、頸部關節在我把頭歪到另一側時發出啪的一聲。再往外聽，有此起彼落的鳥叫聲、屋頂上規律的滴水聲、螺旋槳飛機低空飛過的聲音。嗅覺：檸檬特有的氣味，還混雜林木的濕氣。我甚至不想記錄此刻圍著這段文字如同一群魚潑刺刺游走的無數思緒。（或者我記錄看看：轉念再想的思緒及煩憂如潮水湧來、可供選擇的詞語和語法結構推推搡搡、午餐的各類選擇在閃動、我企圖從中翻出比喻的那些小小意識黑洞、若干待辦事項在大聲叫喊、距離午飯還有多長時間的模糊意識……凡此種種不一而足。）

英國小說家喬治・艾略特（George Eliot）寫道：「假如我們聽得到松鼠的心跳、青草的生長，我們會死於各類聲音組成的咆哮。」我們的心靈要健康，得依賴一種機制將無時無刻不流入我們意識的感官訊息汪洋編輯為可管理的涓涓細流，只留下有注意到、有記住的內容。大麻素網路似乎就是這種機制的一部分，機警地從龐雜如糠秕的感官印象中，篩出那些我們若要順利度過一天、完成該做之事就必須記住的穀仁精華。好多事都得靠遺忘才能做到。

大麻THC和大腦內源性大麻素的作用方式非常相似，只是THC比內源性大麻素的威力強效且持久得多。內源性大麻素與大部分神經傳導物質一樣，設計成釋放後很快就分解（在各種物質之中，巧克力似乎可以放緩這種分裂，這或許說明了巧克力為何能微妙地改變情緒）。這一點意味著抽大麻可能會過度刺激大腦內建的遺忘功能，將這種功能的作用放大。

這可不是小事。我大膽推測，比起任何特質，正是這種無時無刻不在持續發生的遺忘（這座感官印象之池幾乎一注滿便立即排空），讓大麻作用下的意識經驗得到獨一無二的質地。這有助於解釋感官知覺為什麼會變敏銳，解釋大麻如何讓最平凡的覺悟籠罩著深奧的光暈，還有或許最重要的，時間感變慢了，甚至停下了。因為只有藉著遺忘，我們才能真正丟下時間的線頭，往活在當下的體驗走去，平時那太難以捉摸了。那種體驗也許比任何體驗都還要神奇，不管是藉由精神性藥物或是別的手段來改變意識，在人類改變意識的渴望中，占據核心的都是這種活在當下的體驗。

◆　◆　◆　◆

一八七六年，尼采寫了篇才氣橫溢但相當怪異的文章，命名為〈生命中歷史的用處及缺點〉，他劈頭就寫道：「想想那些牛，從你身旁經過時還在嚼草。牠們不曉得何謂昨日何謂今日，跳來跳去，吃東西，休息，消化完畢，再次跳來跳去，如此從早到晚，日復一日，被此時此刻及喜怒所限制住，既不憂鬱也不無聊……」

「人類大可詢問動物：『為什麼你不跟我談談你的快樂，卻只站在那瞪著我？』那頭牲畜可能會欣然答道：『因為我老是忘記自己準備說什麼。』但在此時牠連答案也忘記了，只好默默站著。」

尼采文章的頭一部分是首動人、時而滑稽的頌歌，讚美遺忘的好處。尼采堅稱，遺忘是人類快樂、心智健康及行動的先決條件。他並不蔑視記憶或歷史的價值，但主張整體而言我們耗廢太多精力在過往的陰影下苦熬，去承受習俗、先例、承襲而來的智慧、精神官能症等使人失去活力的重壓（這個觀點與愛默生及梭羅頗為相似）。尼采就像美國的超越論信徒，相信個體與群體的遺產實際上都是障礙，阻擋我們享受生命，讓我們無法達成任何具開創性的成就。

「歡樂、良知、快樂的行為、對未來的信心，凡此種種都仰賴……人有辦法在恰當的時候忘卻、在恰當的時候記下。」他勸告我們拋掉「過往事物那巨大且越來越重的壓力」，活得更像小孩（或牛），「帶著幸福的無知，在過去與未來的藩籬之間嬉戲」。尼采也承認活當下有不少危險，比如說人容易「誤以為自己所有的經驗都是他獨有的」，但即便失去了精明或世故圓滑，提升的活力也遠遠足以充分彌補。

對尼采而言，「遺忘的藝術和魔力」包含激進地編輯或隔阻掉意識，只要不符合「當下」目的，統統捨棄。人若被「極度熱情」或偉大理念給攫獲，就會對這以外的一切視若無睹、聽若罔聞。然而，對於他真正感受到的任何事物，他就會以彷彿未曾領略的態度來感受：「萬物是這麼清晰、貼近、繽紛、響亮，彷彿他是用全部感官來同時領受。」

尼采描述的是超越，這種完全而純粹的全神貫注，藝術家、運動員、賭徒、音樂家、舞者、戰場上的士兵、神祕主義者、冥想者和祈禱時的信徒都知之甚詳。性愛過程中，抑或某種精神性藥物發揮作用時，都會出現極為相似的狀態。那種狀態有賴當下時刻忘我的效應，通常要訓練自己將強大、沒有邊際的注意力集中在「太一」（若依東方傳統，可稱為「太上虛無」）。假如把意識想像成某種我們藉以感知世界的濾鏡，視野的急遽縮小似乎會讓仍留在感知範圍內的東西（不管是什麼）變得更加鮮明生動，而其他事物（包含感知濾鏡本身）都會就這麼消失無蹤。

身為人類最大的快樂有些會在那種時刻降臨；方此此刻，我們會覺得自己彷彿掙脫了時間的宰制，快樂自在——當然，不僅是人工計數的時間，還有歷史及心理的時間，有時甚至忘了人終有一死。這種心理狀態並非沒有缺點，舉例來說，別人會變得不再重要。只是這種全然融入當下的狀態（正如東西方宗教傳統傳授給我們的）是我們凡人最近接永恆的經驗。西元六世紀的新柏拉圖主義者波埃修斯（Anicius Manlius Severinus Boëthius）就表示，我們靈修的目的在於「瞬間掌握並擁有生命的完整圓融，就在當下這一刻，過去現在未來匯聚」。東方傳統也有類似觀點，有位禪宗大師寫道：「我們領悟到無限存在於每個瞬間的有限之中。」只是，如果不先遺忘，我們無法擺渡到彼岸。

◆ ◆ ◆ ◆

我不是天生就擅長覺察的人，除非我存心努力，不然我不會注意到你的襯衫是什麼顏色、廣播裡放的是什麼曲子，或者你在咖啡放一或二顆糖。我當記者時，得鞭策自己不斷記下細節：穿花格子襯衫、放兩顆糖、播的是范．莫里森（Van Morrison）的曲子。為什麼會這樣？我自己也不曉得，只知道我容易心不在焉，當下正在經歷嶄新體驗時，我卻往往想著別的事，過去的事。幾乎總是如此，我的注意力迫不及待想脫離當下，跳到抽象事物上，就像青蛙一躍，從感官的資訊跳到結論。

事實上更糟。通常是結論或觀念先出現，讓我完全省去感官訊息，或者只注意符合的部分。這是某種對例行生活的不耐。儘管這可能是思緒活躍的症狀，但我懷疑是懶惰的變形。我那當律師的父親有一次誇耀自己能預見三四步，說自己談判時喜歡直接跳到結論，因為那樣才能早點抵達目的地休息。我跟現實談判時，也是如此。

雖然我懷疑自己的情況只是注意力不集中的急性案例，而每個人或多或少都有注意力渙散。要「如實」看、聽、嗅、觸摸或品嘗萬物，就算不是不可能，也非常困難（部分原因是一旦那麼做，我們會被壓垮，誠如喬治．艾略特領略到的）。所以我們在每個瞬間動用多重感官來感知時，必須透過想法、過往經驗或預期所組合的濾鏡來保護自己。愛默生寫道：「自然總是穿上精神的千顏萬色。」他是指我們從來無法真實直接地觀看世界，只能透過先驗觀念或比喻的濾鏡（在古典修辭學中，「千顏萬色」就是比喻）。而我的案例中，這面濾鏡如此細密（或說如此厚實），以至於現實許多細節及紋理無法穿透。我非常希望自己能夠打破這種思維習慣，因為它擋住我，讓我無法享受感官及當下之樂。快樂，至少在抽象層面，是我最重視的。只是就在此你可以瞧見問題的癥結：「在抽象層面」。

凡是寫作討論大麻影響意識效應的人都提及自己經歷到的感知變化，特別是各種感官都變敏銳了。平常的食物滋味變佳，慣熟的音樂突然不同凡響，而愛撫揭露千言萬語。針對受測者嗨起來時出現的視覺、聽覺或是觸覺的敏銳性，研究本現象的科學家找不到可以量化的變化，但這些人一定都會提到自己觀看、觸摸萬物時，感受新而敏銳，彷彿長出全新的眼睛、耳朵及味蕾。

你知道是怎麼回事，就是這些感受被加重了，彷彿首次注意到感官世界。以前你聽過某首歌曲一千遍，但現在突然完全「聽出」它穿透靈魂的美；撥劃吉他琴弦，彈出甜美、無比深邃的哀愁，就好比天啟，而且頭一次你能夠了解——真正了解傑瑞·賈西亞（Jerry Garcia）[11]每個音符的意義，他那從容不迫、歡快而哀淒的即興創作，把某種非常貼近生命意義的東西直接灌入你的腦中。

還有異常甜美的那一勺香草冰淇淋——冰淇淋！扯開日常那道單調乏味的紗幕，然後——然後看見鮮奶油令人心碎的甜美意味，沒錯，可以把我們一路帶回母親的乳房上。更不提「香草」過去未曾被好好領略的美妙了！我們居住的這個世界裡，竟然也恰好有如此「馥郁的香草味」——這顆驚人的豆子，這不是很令人驚奇嗎！事情原本有多麼容易就變得截然不同，假如沒有那個無可取代的奇妙音符，那個「風味理型音階中」中央C音（請參閱柏拉圖博士的理型理論！），我們會置身何處呢（那巧克力又會身在何方呢）？你的人生之旅中，頭一次完全領受到「香草」意義，那必須用斜體強調、用大寫字母寫出的意義！效力可以持續到下一個「頓悟」（不論這個頓悟的內容是椅子、是人類居然能以別種語言思考，或是氣泡水！），而對冰淇淋的頓悟就像自由聯想的清風中的一片乾葉，隨風飄散。

拿這些由大麻引發的感受來開玩笑，實在再容易也不過，這類感受早就是大麻笑話中最普遍的笑點少。但我不想承認這些「大麻神啟」在隔天清醒後的冷靜眼光看來，都是空洞虛假的。事實上，我倒願意冒險，同意卡爾．沙根的看法，他深信第二天早上大麻效果消褪後的狀況，與其說是自欺，不如說是溝通失敗——很難「以第二天冷靜下來的自己可以接受的形式，表達這些頓悟」。我們只是找不到合宜字詞，把那些感知的強大力量傳達給那個一根腸子通到底的自己，原因可能在於那些感知比語言更早出現。它們很有可能平凡老套，但並不代表就不能同時也意義深遠。

大麻消解掉這種顯而易見的衝突；它能做到這一點，是藉由讓我們暫時忘掉在感受事物（如冰淇淋）時太常背負的大多數包袱，也就是那油然生出的熟悉感、平庸感。感覺某事物平凡無奇，應可視為某種防禦，用來對抗那種覺得事物很新鮮時會湧現的衝擊（至少是激盪）。感知是否平凡老套，端視記憶而定，反諷、概括及厭煩亦然——後三種防禦措施是受

11 樂團Grateful Dead的主唱與吉他手。Grateful Dead的樂風結合搖滾、藍調、民謠、迷幻等，於一九六〇年代反文化運動時期成名，不少歌迷與嬉皮文化頗為熟悉。——編註

過教育的頭腦部署來對抗經驗的，如此才能安然度日，不必在連續不停的震驚中筋疲力竭。

藉由暫時遺忘許多我們早已知道（或者自以為知道）的東西，大麻讓我們以重拾的天真去感知世界，而尷尬與成年人的天真總是如影隨形。大麻素這種化學物質擁有的力量，能使我們都變成浪漫主義者、超越論信徒。我們時刻累積的記憶，能把我們由當下感覺震驚的邊疆地帶拉回來，丟回過去慣熟的路徑，但大麻藉著令記憶力失靈闢出空間，容納了某種更接近直接經驗的東西。憑著這種遺忘的恩賜，我們暫時封住我們繼承而來的觀看方式，以彷彿初見的眼光看待事物，以至於再平常不過的東西如冰淇淋，也變成叫人驚呼的「冰淇淋呢」！

有個詞可以描述這種推到極端的觀看——這種沒被知識羈絆的初見感受，不受成年人心中「早就來過」、「早就見過」的經驗所影響——那個詞當然就是驚奇。

◆ ◆ ◆ ◆

記憶是驚奇的敵人，而驚奇只存在於當下。正因如此，除非你還是孩子，不然驚奇得仰賴遺忘，亦即仰賴「減法」。我們常認為服用精神性藥物所得的經驗是附加的，畢竟人們經常說，精神性藥物「扭曲」正常知覺，而且增大感官的資訊量（也可說成增加幻覺），然而完全相反的說法也可能真實無誤，那便是藥物發揮效力，抽掉某些意識正常時會插在我們與世界之間的濾鏡。這一點，至少是阿道斯．赫胥黎（Aldous Huxley）一九五四年著作《眾妙之門》（*The Doors of Perception*）一書的結論。赫胥黎在這本書中敘述自己嘗試麥司卡林的經驗，以他的觀點，萃取自烏羽玉花朵的麥司卡林會讓他的意識「減壓閥」失效（他用減壓閥一名來指涉大腦意識每天都在編輯感官經驗的功能）。減壓閥能保護我們，免於被「真實的重壓」壓垮，但要做到這一點必須付出代價，因為這種機制也讓我們不曾如實看見真實。神祕主義者及藝術家的洞察力便源自他們有特殊能力，可以關掉心智的減壓閥。我不曉得我們當中是否有人曾感知到「如其所是」的真實（有誰能曉得呢？），但是赫胥黎對驚奇的描述令人信服，他筆下的驚奇是我們成功暫停以字面和概念等習慣的方式來看待萬物的狀態。（他以古怪而真誠的筆調寫下對衣料褶痕、花園椅子及瓶花之美的讚頌。他寫道：「我眼前所見，是亞當被造出來當天早晨所見——時時刻刻，都是赤裸裸存在的奇蹟。」）

我想，我了解赫胥黎所說的「意識減壓閥」，只是我個人體驗中這種機制看起來有所不同。在我的設想中，平時的意識更像漏斗，更貼切的說法是腰身束緊的沙漏。在此比喻中，心智之眼平衡地處在過去與未來時間之間，決定感官體驗的無數細沙中有哪些可以通過「現在」這道窄縫，進入記憶。我曉得這個比喻有若干缺點，最主要的一個在於沙漏的細沙最後都落到底部，而經驗的細沙大多無法逃過我們的篩驗。但我的比喻至少掌握一個觀念，那就是意識的主要工作在於削減及防衛，在於維持知覺秩序，以免我們被壓垮。

那麼，精神性藥物的藥效（或者進一步而言，藥效帶來的靈感）作用時，會發生什麼事？以赫胥黎的比喻，減壓閥的閥門會大開，讓更多經驗進入。這一點似乎正確，但我會稍作修正地說（誠如赫胥黎自己的例子所示）：意識改變的效果，是讓人在一段極微小的片段經驗中接收到大量訊息。赫胥黎告訴我們：「我灰色法蘭絨褲子的皺褶裡充滿了『存在本身』。」接下來他詳述波提切利畫作裡優美的布摺，還有「衣摺的萬有與無限」。知覺的沙粒通過意識的那種平常過程持續減緩，直到我能逐顆檢視，以每一想像得到的角度來審慎檢視（有時候觀察的角度多到前所未有），直到最後只剩沙漏腰身的靜止點，在那裡，時間自己好像也暫停了。

◆ ◆ ◆ ◆

只是，這種驚奇是真實的嗎？乍看下似乎不然：化學引發的超脫想必是虛假的。波特萊爾在一八六〇所寫的書裡，把自己的大麻經驗稱作「人造天堂」，那聽來很恰當。可是，如果能證明，無論是抽大麻、冥想，或經由唸經、禁食或祈禱進入催眠狀態，各種超脫在神經化學的層面上都毫無二致，我們還能分孰真孰假嗎？如果上述種種都是讓大腦受刺激而產出大量大麻素，從而暫時停止短期記憶，容許我們深刻地體驗當下，我們還能夠否定藥物帶來的驚奇是真實的嗎？有許多科技可以改變大腦的化學作用，精神藥物可能是最直接的一種（藥物並不因此就成為改變意識「較好的」手段，很多藥物確實都有毒性副作用，代表其實是較差的手段）。由大腦看來，硬要區別自然嗨及人工嗨，可能毫無意義。

赫胥黎竭盡全力說服我們，要我們別認定化學物質引發的靈性經驗是虛假的，而且早在我們稍稍了解大麻素或鴉片受體網路之前，他就這麼呼籲了。「無論經由何種方式，我們所有的經驗都受化學物質制約，而假如我們想像其中有些經驗是純『靈性』、純『智能』、純『美學』的，那僅僅是因為這些經驗發生之際，我們不曾費心去探究體內的化學環境。」他指出，神祕主義者自古以來都致力於有計畫地改造自己的大腦化學機制，手段包括禁食、自我鞭撻、不睡覺、催眠活動或者是誦經唸咒。[12]大腦有能力令自己迷醉，那效果很像某些安慰劑。我們不是只想像抗憂鬱安慰劑正在生效，解除我們的憂傷或煩惱，實際上，在吞嚥一顆除糖分及信念外別無其他成分的藥丸時，大腦確實會產出額外的血清素來回應心理提示。這一切都顯示出，意識的種種工作多多少少比我們通常認定的更加物質化：化學反應可以滋生思想，但思想也能導致化學反應。

儘管如此，為了靈性目的而使用藥物仍然讓人感覺廉價和虛假。也許是因為我們心中「努力才有回報」的信念受到侵犯。或許是因為化學物質的出處令我們不安：它們來自外界。尤其在猶太教／基督宗教盛行的西方，我們傾向由自己來畫定人與自然間的距離，以此距離來界定自己。我們小心翼翼地守衛物質與靈性之間的界線，視這種區分為我們接近天使、擁有神聖性的證明。要是結果發現，靈性在某種意義上可能是物質性的（而且還是植物性物質！），會威脅到我們身為萬物之靈、具有神性的感受。靈性知識應該是來自上天和體內，絕不應該來自植物。對不作如是想的人，基督徒稱呼他們為——異教徒。

◆ ◆ ◆ ◆

12 赫胥黎認為，比起中世紀，現今神祕主義者和能看見幻象的人數量較少，是因為人們吃得更營養了。缺乏維生素會導致大腦功能紊亂，這或許可以解釋過去大多數幻覺經驗的發生原因。——作者註歷史上，西方人在不同時代都把大麻列為禁忌，其背後有兩個故事，每個都反映我們對這種非凡植物的憂慮，擔心假如我們不抗拒、不控制大麻的戴歐尼索斯威力，會有什麼後果。

第一個是馬可波羅由遠東帶回來的（他帶回很多個）「阿薩辛派」（the Assassins）的故事，或者該說阿薩辛派故事的變形版本，一開始可能就是捏造的，也可能不是。時間在西元十一世紀，當時有個邪惡教派稱作阿薩辛，完全受控於哈桑・伊本・阿拉・薩巴（Hassan ibn al Sabbah，意即「山中老人」），並在波斯王國展開恐怖行動，到處燒殺擄掠。哈桑手下的強盜對他唯命是從，從不質疑。他們無懼死亡。哈桑是如何得到如此完美的忠誠？靠著招待他的部屬預先嘗嘗永恆天堂的滋味，如果他們為他而死，就能得到天堂。

哈桑一開始就給新招募來的人足夠的大麻，讓他們昏睡過去，幾小時後，這些人醒過來，發現自己身處最美的宮殿花園，觸目皆是奢侈華麗之物，還有許多美豔女子滿足他們所有欲望。但天堂的地面有多處血池，裡頭散布幾顆頭顱（其實是人埋到脖子處假扮的）。頭顱會講話，向那些人訴說來生，還有假如他們想回到這座天堂，必須做些什麼。

這個故事在馬可波羅重述時就遭到扭曲，導致中亞大麻背負汙名，得為阿薩辛派的暴行負責（阿薩辛〔Assassins〕這個字本就是中亞大麻〔hashish〕一詞的訛變）。這個故事暗示大麻抹去了阿薩辛信徒的死亡恐懼，解開限制，讓他們犯下最令人髮指的罪行。這個故事成為西方對於東方那些過度簡化的刻板故事的標準主題，後來又在一九三〇年代美國想將大麻定為非法的運動中變成樣板要素。大麻禁令的最大推手是聯邦麻醉品管制局的第一任局長哈利・J・安斯林傑（Harry J. Anslinger），他一有機會就會提阿薩辛故事。他精通這種隱喻描述法，當代每一樁犯罪新聞，只要能都套進阿薩辛的駭人模式中，他都大肆宣揚，將一種少有人知、令人懶洋洋的精神性藥物轉型成暴力、對社會的威脅。即使在安斯林傑引起的大麻迫害潮退散之後，阿薩辛故事的寓意仍緊跟著大麻。這寓意就是：大麻會切斷行為及後果之間的連繫，令人無所顧忌，從而威脅西方文明。

第二個故事比較簡單：一四八四年，教宗依諾增爵八世（Pope Innocent VIII）頒布教皇令譴責巫術，令文中他特別譴責大麻是崇拜撒旦時用的「反聖禮」。中世紀女巫及巫師舉行的黑彌撒成為天主教聖餐禮的揶揄鏡像，而黑彌撒中大麻取代了葡萄酒，在試圖削弱建制派教廷的反正統文化中，成為異教聖餐。

女巫及巫師是第一批利用大麻中精神活性物質的歐洲人，這件事可能決定了大麻在西方的命運，被視為等同於恐怖異鄉人及負面文化的藥品，比如異教徒、非洲人及嬉皮。這兩個故事相互滋養，反過來又強化大麻的魔力，最後變成只要抽大麻就是異類，而他們所抽的大麻則揚言要把自身的異類特性釋放到大地上。

◆　◆　◆　◆

對於女巫，教廷只需要綁到木樁上燒死就好，只是更引人入勝的事卻降臨在女巫的魔法植物上。這類植物太珍貴了，不能從人類社會被放逐，所以教宗依諾增爵頒布反巫術禁令後的數十年間，大麻、鴉片、顛茄等都由魔法的領域移到醫藥中。這一點大致上要歸功於十六世紀瑞士鍊金術士兼醫生帕拉塞爾蘇斯。帕拉塞爾蘇斯有時被尊稱為「醫學之父」，他大致根據飛天油膏裡的成分，創建了正統的藥理學（他的許多成就中包含發明鴉片酊，這可能是二十世紀之前醫藥百科大典中最為重要的藥物）。帕拉塞爾蘇斯常說自己的醫藥知識都是跟女巫學來的。他在阿波羅的理性招牌下工作，把遭禁的戴歐尼索斯知識馴化，將異教膏藥轉變成治病用的酊劑，把魔法植物裝入瓶中，稱之為藥物。

帕拉塞爾蘇斯的宏偉計畫（這事業甚至可說延續至今[13]）展現了猶太教和基督宗教傳統的一種高超手腕，吸收、挪用了原本準備根除的異教信仰力量。就如同新的一神教信仰把各民族的傳統異教節日和慶典納入自己的儀式，這計畫也迫切需要對人們悠遠的魔法植物崇拜做些事。的確，聖經創世紀中禁果的故事暗示了這就是最重要的事。

這些植物嚴重挑戰一神教，因為它們威脅要把人類凝視膜拜的視線由上帝居住的天空拉回自己周遭的自然世界。魔法植物過去和現在都是把我們拉回地球、拉回物質的重力，遠離基督教救贖的來世及彼岸，回到此時此地。事實上，這些植物對時間的影響也許是最危險的，換句話說，在循著基督教路線或是近代循著資本主義路線而組織起來的文明眼中，這是最危險的。

基督教和資本主義會厭惡大麻這樣的植物，也許其來有自。兩項信仰都要我們把眼光放在未來，兩者都拒絕接受當下的享受及感官之樂，轉而期待未來的完滿，不管是藉由贏得救贖，或是透過獲得及消費。大麻比大部分植物性精神藥物更能令我們沉溺於現在，並在當下就提供某種類似完滿的東西給我們，從而使基督教及資本主義（還有許多人類文明）所賴以建立的「欲望形上學」失效。[14]

那麼，當初上帝不想讓伊甸園裡的亞當和夏娃學到的知識是什麼？神學家對於這個問題的爭辯無止無休，但對我而言，最重要的答案似乎便潛藏在平凡無奇的景象中。亞當夏娃吃果實而得到的知識內容，遠遠比不上知識的形式來得重要——也就是說，可以由樹、由自然之處取得各種靈性知識才是重要的。一神教這種新信仰試圖打破人類與魔法自然的契約，藉著把我們的注意力引向天空中的唯一真神，使動植物世界失去魔力。然而，耶和華沒辦法完美假裝知識之樹並不存在，因為一代又一代崇拜植物的異教徒知道得更清楚，所以異教徒的樹獲准長在伊甸園，只是現在用強力的禁忌圍起來。沒錯，自然裡是有靈性知識，新神上帝也知道，而且那些知識的誘惑很凶猛，但「我更凶猛！你敢向那些知識屈服，就會遭到處罰。

◆ ◆ ◆ ◆

13 近年來隨著大麻的醫療價值被重新發現，醫學界一直在尋找方法將這種植物「藥品化」，試圖將它容易取得的療效製成貼片或吸入劑等形式，讓醫生可以開立處方、企業可以申請專利、政府可以進行規範。每當有機會，帕拉塞爾蘇斯那些身穿白袍的現代門徒都會合成植物藥物中的活性成分，使得醫學得以捨棄整株植物，也擺脫它與異教過去有關的任何聯想。——作者註

14 藍森提出了一種有用的區分方法：欲望型藥物（例如古柯鹼）與愉悅型藥物（例如大麻）。「古柯鹼承諾只要再過一分鐘，就會帶來前所未有的快感……但那個未來永遠不會到來。」就此而言，古柯鹼的體驗是「對消費者意識的野蠻模仿」。另一方面，使用大麻或迷幻藥時，「愉悅可以來自自然美景、家務、親友、對話，或各種不需要購買的事物。」——作者註

反毒之戰的第一場戰役於焉展開。

◆ ◆ ◆ ◆

我已除掉園子裡絕大部分的誘惑，只是不無惋惜及異議。今年春天，我沉浸在為本章所所作的研究中，於是受到強烈的誘惑，想種下一顆從阿姆斯特丹買來的混血大麻種子，然而，我立刻更周延地想了想，最後改種很多鴉片罌粟。我得趕快補充說，除了欣賞，我沒打算對自己的罌粟做任何事（當然，除非光是在這些罌粟花間散步就足以產生效果，就像綠野仙蹤的桃樂絲那樣）。我首先是欣賞鴉片罌粟轉瞬即逝、薄如絹紙的花朵，然後是逐漸膨脹的墨綠色莢，裡面飽含乳白色罌粟籲。這些罌粟沒被割開收取汁液，因此至少可以說是清白無罪的，也就這麼取代了我不能種植的大麻。任何時候，我只要看看罌粟花夢幻的花瓣，就會想起這個園子已宣誓棄絕魔力，以便能夠待在法律上安全的那一方。

於是我將就著運用這塊淨化過的園子，這片地密密麻麻種滿世俗規範可以接受的愉悅植物，有可口的東西、賞心悅目的花草，園子周遭有法律在小心把守。假如戴歐尼索斯在這個園子裡有化身（當然有），主要就在花壇邊緣。我是最不會輕視芬芳玫瑰花力量的人了，玫瑰可以振奮精神、召喚記憶，甚至在某種不僅是比喻的意義上，還能令人心醉神迷。

園子是有許多聖禮的地方，是舞台——既普通得如同任何房間，又特殊得如同教堂。在那裡，我們不僅可以見證人與自然的悠遠聯繫，還可以用儀式的方式去展現此一聯繫。悠遠，只是已被削弱，因為文明似乎傾向於打破，或至少忘記我們與大地的牽連。然而在園子裡，古老的契約仍存有效力，而且不僅是象徵上的效力。我們吃的蔬菜取自菜圃，而如果我們留意的話，我們還能回憶起對陽光、雨水的依賴，還有每天一葉接一葉長出來的鍊金術，我們稱之為光合作用。同樣，被黃蜂叮了，我們摘紫草葉搗碎了敷一下，也會使我們回到用植物治療的世界，那世界近乎神奇，只是現代醫藥打算將我們趕出那裡。此類聖禮溫和到很少有人會不方便接受，儘管它們聽來仍隱約有異教曲調。我猜想大致上是因為我們仍願意被提醒，至少我們的身體仍以這樣的方式與動植物世界、與自然循環相連。

但我們的心靈呢？這就沒那麼有把握了。採片葉子或花朵，然後用來改變意識經驗，這意味著一種非常不同的聖禮，與自我的崇高觀念相悖，更別說違背了文明社會。但是，我傾向於認定那種聖禮偶爾也同樣值得去做，哪怕只是用來檢討一下我們的傲慢自大。這些植物擁有的魔力能改寫我們的思想及感受，能激發出事物的隱喻及驚奇，可以挑戰猶太教／基督宗教的信仰，不再讓我們認定自己的心智和具思考能力的自我意識已經以某種方式脫離自然，達成某種超脫。

假如我們發現，超脫本身歸因於某些流經我們大腦也流經園裡植物的化學分子，我們用來奉承自我的畫像會變成什麼樣？假如人類文化最燦爛的果實，有些其實深深扎根在黑土裡，與植物及蕈類為伍，我們該怎麼理解？如此一來，物質是否仍如我們一直設想的那麼沉默？這是不是意味著精神也是自然的一部分？

這世上再沒有比這更古老的想法了。尼采一度把戴歐尼索斯式迷醉描述成「大自然凌駕心靈」——自然本來就有對付我們的方法。古代希臘人了解迷醉不能輕率以對，也不能太頻繁出現。對於他們來說，迷醉是謹慎設限的儀式，絕不是生活方式，因為他們明白戴歐尼索斯既可以讓我們成為天使，也可以使我們變成野獸，這視情形而定。儘管如此，讓自然對我們為所欲為個一兩次，哪怕只是把我們心不在焉的視線暫時轉回大地，似乎仍值得一做。看看四周，發現植物和知識之樹仍生長在園子裡，那將是多麼令人著迷的世界啊。

第四章

欲望：控制
植物：馬鈴薯

SOLANUM TUBEROSUM

依我看來，大自然當中，少有景象能跟看到一畦畦蔬菜苗像綠色城市般由春天的土地冒出一樣令人激動的了。我鍾愛新綠植物與翻耕黑土彷彿數位訊號〇與一那樣規律交替，以及田界分明的泥土所呈現的幾何秩序，那就是五月的菜園——在病蟲害出現之前、在過分繁茂之前、在夏日雜亂得叫人畏縮之前的菜地。曠野有其崇高性質，以及，歌頌田園的美國詩人軍團，天曉得有多少。但我在此打算為有序大地帶來的滿足感說些話。假如聽起來不會太像矛盾修辭，我想把這樣的土地稱作「農藝式崇高」。

但實際上，這個詞可能就是這麼矛盾。說到崇高的體驗，內容都是大自然對我們造成的影響，也就是我們對她的威力心生敬畏——覺得自己如此渺小。我要談的正好相反，我無法否認自己想談的主題有點啟人疑竇，那便是對大自然施力之後的滿足感，亦即瞧見自己投注在大地上的心血開花結果的快樂。正如尼加拉瓜大瀑布和聖母峰會激起第一種澎湃感受，農夫在山坡上修建的整齊農場，或是凡爾賽宮園林裡那種修剪得整整齊齊、排列成行的樹也會激起第二種澎湃感受，讓我們充滿力量感。

如今，崇高大多成了某種輕鬆寫意的「度假」，不論就字面意義或道德意義皆然。畢竟，誰還會說荒野的壞話？而相形之下，這另一種澎湃感受，即人類想控制大自然荒野的渴望，卻曖昧得叫人生氣。我們不確定自己在自然中有何等力量，也不知這力量是否正當、真實，而這種懷疑是應該的。或許農夫或園丁比大多數人更清楚自己的控制始終是種假象，端賴運氣、天氣等更多超出他掌控的事物。只有暫時擱下懷疑，農夫才能在每年春天再度耕種，在春季的一切不穩定性中跋涉。過不了多久，害蟲就來了，還有風暴、旱災和枯萎病，彷彿在提醒農人園丁，這些新種下的莊稼顯示出的人為力量，事實上是何等不完善。

一九九九年，一場怪物級十二月風暴，威力比任何歐洲人記憶所及的風暴還要強大，把凡爾賽宮園林裡那片由造園師安德烈・勒諾特爾（André Lenôtre）在數世紀前種下的樹木颳得一片狼藉，幾秒內就壓皺了這座園林完美的幾何圖形——那些圖形可能是我們曾有過最強力的人類宰制意象。當我看到那些殘破的林蔭道照片，筆直線條被亂扒、油畫般的景觀遭毀，不禁想到，園林若不是被精心修整得如此井然有序，或許更能好好承受風暴的狂怒，過後更能自我修補？所以，我們能由這樣的災難學到什麼教訓？要看情況而定，看看到底是像一般人那樣將這場特大風暴視為某種直接、簡單的證據，證明我們不知天高地厚，而大自然的威力無限優越，還是像某些科學家現在的看法，將之視為全球暖化的效應，大氣愈發不穩定。以這個角度看，這場風暴就跟風暴摧毀的林木秩序一樣，都是出於人造，是人類力量推翻另一種人類力量的體現。

這種令人哭笑不得的事，園丁習以為常，他們終究看出了，每當自己對園子的控制出現進展，就會同時邀來新的混亂無序。荒野可以減少，一畝接一畝，但野性卻是另一回事。新翻的泥土會讓新野草冒出，強力新殺蟲劑會讓害蟲產生新抵抗力，植栽愈朝簡化的方向跨一步，例如採用「單作栽培」（monoculture）或種植基因相同的植物，就愈容易導致料想不及的新複雜狀況。

只是簡化的威力之強，實在不容否認。這類做法「很管用」，能讓我們從自然取得想要的東西。農業就其特定本質而言，是殘酷地簡化，把自然界難以理解的複雜簡化成人類能夠管理的東西。畢竟，農業始於一個簡單行為——驅逐一切，只留一小撮中意的物種。把作物種成清晰明瞭的一列列，不僅可以滿足我們的秩序感，而且很明智，接下來的除草及收成就簡單多了。所以儘管大自然本身從不把植物種成一排排，或種成花壇、林蔭道，但當我們這麼做，她也不見得會抱怨。

事實上，很多新事件都發生在園子裡。在人類意圖控制自然之後，大自然原本未曾有的新多新奇事物出現了，包括可食的馬鈴薯（野生馬鈴薯又苦又有毒性，無法下嚥）、重瓣鬱金香、精育無籽大麻、油桃等，不一而足。每一案例中，大自然都提供必要的基因或突變，但是，若是沒有園子和園丁來開闢空間，這些新奇事物永遠也不見天日。

對於大自然及人類而言，園子向來是實驗室，可在裡面嘗試新的雜交與突變。野生狀態中絕不會交配的物種，在人類清空的土地卻能自由雜交。在發展完整的草原或森林生態系交織嚴密的脈絡中，新奇的雜交品種很難找到立足之地，可能每個棲位都被占滿了。唯有人類的園子，或是路旁、垃圾堆，相形之下是「開放」的生存環境，新的雜交品種會有更好的機會；而且假如它湊巧符合人類所好，或滿足某種人類欲望，就能立穩腳跟，找到路進軍世界。關於農業的起源，有種理論認為，馴化植物首度出現的地點就在垃圾堆，人們採集、吃掉野生植物，將種子扔在那裡，之後種子生根發芽、生長，最後雜交。人們採集這些植物時，無意中已根據甘甜、大小和效力進行篩選。隨著時間過去，人們將最優良的雜交品種引入園子，在那裡，人類和馴化植物展開一系列共演化實驗，永遠改變了彼此。

◆ ◆ ◆ ◆ ◆

現今園子仍是實驗室，是嘗試新作物、新技術，又不必賭上農場的好地方。今日有機農場使用的方法，有許多就是在園子裡初次發掘。拿整座農場來實驗下一代「新東西」，代價太高，風險過大，正因如此，農人向來很保守，出了名的不愛改變。但是，對於我輩園丁而言，下賭注的風險相形較小，嘗試新的馬鈴薯變種或新的害蟲控制法算不上大事，每一季我都會做。

我得承認自己在園子裡的實驗很不科學，更談不上萬無一失或從中得到結論。今年種馬鈴薯，甲蟲蟲害控制得當，這究竟是我新噴的印度苦楝籽油奏效，還是由於我在附近種了兩棵粘果酸漿樹，而甲蟲似乎愛吃那樹的葉子更甚馬鈴薯？（於是我稱之為代罪羔羊。）理想中，我該控制一切，只留一項變數，但在園子裡不易辦到，這地方跟大自然其他地方類似，充滿了變數。用「一切環環相扣」來形容園裡的情況，或者說任何生態系的情況，似乎相當貼切。

儘管這麼複雜，我的園子也只能靠著試錯法來改良，所以我就繼續試驗下去。最近我種了某種新東西——真的是非常新的東西，開始進行迄今我最雄心勃勃的試驗。我種下一種稱做「新葉」（NewLeaf）的基因改造馬鈴薯，由孟山都公司研發，據說任一葉片、莖幹、花、根甚至整粒馬鈴薯（這一點還不敢打包票）都可以產出自己的殺蟲劑。

馬鈴薯的天敵向來是科羅拉多金花蟲，這種外表亮麗的貪婪昆蟲一夜之間就能把整株植物的葉子吃得乾乾淨淨，讓馬鈴薯塊莖因沒有葉片行光合作用而餓死。照設想，科羅拉多金花蟲只要吃上一口新葉馬鈴薯的葉子就完蛋了，牠的消化道會被植物渾身上下產出的細菌毒素腐蝕成漿。

我一點也不敢肯定自己真的「想吃」本季結束就要收成的新葉馬鈴薯。在這方面，實驗種植這種馬鈴薯與以往我在園子裡所做的大不相同——不論是蘋果、鬱金香或大麻，我都是因為自己真心渴望該植物產出的成果而種。但對於新葉馬鈴薯，我想滿足的欲望不如說是好奇心：它們會成功嗎？這些基因改造馬鈴薯對農作或食用而言真是好點子嗎？如果它們滿足的不是我的某種欲望，那麼到底滿足了誰的？最後，關於植物與人類的未來，它們究竟能傳授我們什麼知識？為了得到答案，或至少開始得到答案，我需要動用的不僅有園丁的（或食用者的）工具，還需要記者的工具。沒有記者的工具，我不用指望能進入這些馬鈴薯出身的世界。所以，我種植新葉馬鈴薯的實驗從基本上來說是不自然的。只是在那時看來，不自然似乎很切中要害。

◆ ◆ ◆ ◆

「新葉」馬鈴薯一名確實相當貼切。將所有人類與大地連接起來的食物鏈，如今已變得漫長複雜且大多無法看見，而新葉這種新型作物正在改變這條食物鏈。到我進行實驗之際，美國已有超過兩千萬公頃的農地種了基因改造作物，大部分是玉米、大豆、棉花及馬鈴薯，改造基因是為了讓作物自己產出殺蟲劑，或是抵抗除草劑。有人說，假以時日，基因工程可以帶給我們油炸時較不吸油的馬鈴薯、耐旱能力很強的玉米、永遠不必修剪的青草、富含維他命A的「黃金稻米」、內含疫苗的香蕉及馬鈴薯、透過比目魚基因強化的番茄（可抗霜凍），還有長出各種彩虹色的棉花。

說來毫不誇張，這項技術代表了人類學會交叉配種以來，人類與植物關係最大的一次變化。遺傳工程出現後，人類駕馭自然的力量巨幅飛躍。一列列農田作物所代表的重組自然能力現在可以發揮在全新的層面上，即植物自身的基因組。我們確實已踏上全新領域。

或，我們踏上了嗎？

這些植物有多新穎，這事實上就是我們最大的疑問之一，而研發公司提供的答案也互相矛盾。業界將基因改造植物描述成生物革命的關鍵，是某種「範式轉移」，可以讓農業更永續，還能餵飽全世界。但奇怪的是，業界人士同時又說，對我們這些身處食物鏈消費端的人而言，這些植物與舊有的馬鈴薯、玉米及大豆沒兩樣。這些新型態作物神奇到足以取得專利，但又不夠新奇到足以寫張標籤讓我們曉得自己吃下什麼。它們似乎是種嵌合體，「完全創新」到足以進入專利局及農場，但在超市及生態環境中，又「毫無新意」。

藉著種下新葉馬鈴薯，我想了解哪一種說法才是真實可信的。它們是否仍是舊有的馬鈴薯，或者是在本質與飲食方面新奇到該保持警覺並深入質疑。只要你開始研究這個主題，就會發現儘管已有超過兩千萬公頃農地種植基因改造作物，相關問題竟有這麼多懸而未解，更神奇的是，連問都沒問過！這足以讓我認為自己的實驗可能不是唯一正在進行的實驗。

◆ ◆ ◆ ◆

五月二日。我是在食物鏈的種植者這一端，也就是孟山都公司同意我試種該公司的新葉馬鈴薯之後，展開了這場實驗。一切看來當然又新又不一樣。我先在菜園挖出兩條淺溝，施好肥料，再解開孟山都公司寄來的紫色網眼袋，翻開纏在袋口的「種植者指南」。回想一下幼稚園實驗，你就會想起，馬鈴薯不是從種子而是從馬鈴薯芽眼長出來的。我小心翼翼將種苗馬鈴薯放在淺溝底，這些沾滿灰塵、色如石塊的孟山都塊莖看起來跟別的馬鈴薯很像，只是隨袋所附的種植者指南提醒我，這行動與其說是種植，不如說是啟動新發行的軟體。

種植者指南卡告訴我，「開啟並使用本產品」，我已「獲授權」種植這些馬鈴薯，但僅限一個世代，也就是說，我灑水、照料及收成的作物所有權是我的，但也不是我的。換言之，今年九月我挖掘出來的馬鈴薯，我可以食用或出售，但它們的基因仍屬孟山都公司的智慧財產，受幾項美國專利權保護，專利號碼為五一九六五二五、五一六四三一六、五三二二九三八、五三五二六〇五。只要保留一顆馬鈴薯，明年再種（過去我常這麼對待自己的馬鈴薯），就觸犯了聯邦法律。（我很好奇，若是園圃內有些「散兵游勇」從前一次收成的疏忽中倖存下來，不需藉助園丁就在每年春天發芽成長，法律要怎樣看待？）標籤上的印刷小字還捎來叫人困惑的訊息，即馬鈴薯本身已在環境保護署登記註冊為殺蟲劑（美國環境保護署註冊號碼五二四——四七四）。

假如需要證據來證實始於種子而終於我們餐盤的食物鏈正經歷一場革命性變化，那麼隨同新葉馬鈴薯而來的小小印刷品便可擔起此任。該食物鏈的生產力無與倫比，現今平均每個美國農人每年種出的糧食足以養活百人。只是這項成就、凌駕自然的力量，是必須付出代價的。若沒有大量化學肥料、殺蟲劑、機械及燃料之助，現代工業化農人也無法種出那麼多作物。這一整套昂貴的「農業資源」（借用他們的稱呼）讓農夫債務纏身，損害他的健康、腐蝕他的土壤、毀掉土地肥力、汙染地下水源，還對食品安全造成威脅。由此觀之，農人力量雖然變大，但也伴隨著一系列新的脆弱性。

當然，這些批評我以前都聽過，只是都來自環境保育人士或有機農業業者。真正新鮮的是，這次居然是出自工業化農人、政府官員及首先把那些昂貴的「農業資源」賣給農人的綜合型農業企業人士之口。孟山都公司竟然引用溫德爾・貝瑞的觀點，在最近的年度報告中表示「當今的農業科技缺乏永續性」。

現在用來拯救美國食物鏈的是新型態作物。基因工程承諾我們要用昂貴但相形溫和的基因信息來取代仍然昂貴且有毒的化學品，而新葉馬鈴薯這類作物不用殺蟲劑就能免受昆蟲、疾病之害。以新葉馬鈴薯為例，藉助土壤中常見的普通細菌蘇力菌（Bacillus thuringiensist）某個菌株身上的基因，馬鈴薯的細胞便取得了信息，可以生產出毒素毒死科羅拉多金花蟲。該基因現在成為孟山都公司的智慧財產。基因工程出現後，農業也進入資訊時代，而孟山都公司的目標顯然就是變成農業界的微軟公司，提供有產權的「作業系統」（這是孟山都自己的比喻），來運作新世代的作物。

我們用以描述自然界的比喻，強烈影響我們對待自然界的方式，還有我們打算控制自然的方法、程度。把農田看成工廠、森林或農田，對世界造成的影響有天壤之別。接下來，我們準備找出人類開始把食用作物的基因當成軟體時，會發生什麼事。

◆ ◆ ◆ ◆

時間：一五三二年，地點：安地斯山脈。我種植的專利馬鈴薯，是安地斯高原野生馬鈴薯的後代，此處是馬鈴薯的「多樣性中心」。就在這裡，大約八千年前，印加人的祖先首度馴化了「馬鈴薯」(*Solanum tuberosum*)這種植物。事實上，我園子裡的馬鈴薯，有些是那些古代馬鈴薯的近親。我所種的五、六種馬鈴薯中，就有兩種是古代的祖傳品種，包括秘魯藍馬鈴薯(Peruvian blue potato)。這種澱粉豐富的馬鈴薯塊頭約如高爾夫球，從中切開，薯肉看起來就像深深染上最燦爛的藍。

印加人由原始馬鈴薯及其後代研發出豐富多樣的馬鈴薯，我的藍色馬鈴薯只是其中之一。除了藍色，印加人還培育出紅、粉紅、黃、橙各色馬鈴薯，體態有肥有瘦，薯皮從光滑到粗糙一應俱全，收成期有短有長，耐旱或親水，味道有甘有苦(適合當飼料)，肉質有的飽含澱粉有的近似奶油，品種大約有三千之多。馬鈴薯能如此多采多姿，部分歸功於印加人喜歡多變，另一部分在他們實驗的才能，再一部分要歸功於他們農業的發達程度，在西班牙人前來征服之際，印加人的農業是全世界最成熟複雜的。在等候孟山都馬鈴薯寄來的那年五月，我開始閱讀關於印加人(以及愛爾蘭人)馬鈴薯的著作，想更深入看清人與馬鈴薯之間的關係，以及那層關係如何改變馬鈴薯與我們人類。

印加人找到方法，能在最惡劣的條件下種出最豐收的馬鈴薯。他們研發出的方法，安地斯山地區某些地方仍沿用。當地地勢多多少少近乎陡直，對植物及其種植者都是特殊挑戰，因為高度或日照、風吹方向每有變化，每個微型氣候區就跟著急遽改變。某種馬鈴薯在相同海拔的山坡這一側欣欣向榮，到幾步之遙的另一小塊地就會凋萎。在如此環境下，單作栽培不會成功，所以印加人發展出完全相反的農業方式。不分古今，安地斯山農民不把農田全押在單一作物品種，而是下了許多賭注，至少每個生態棲位押一種。大部分農夫都嘗試改造環境以配合某種最棒的馬鈴薯，比如說褐皮伯班克馬鈴薯(Russet Burbank)，印加人不然，他們為每種環境研發不同的馬鈴薯。

依西方人看來，由此產生的農田就像紊亂的補丁，一塊塊並不連續（這裡種一點甲植物，那裡種一點乙植物），毫無大家習以為常的那種地貌秩序鮮明的阿波羅式滿足感。只是，安地斯山馬鈴薯田代表的是大自然微妙的排序，能夠抵禦大自然動輒降下的所有災禍，而不至於發生一九九九年凡爾賽宮或一八四五年愛爾蘭那樣的浩劫。

從過去到現在，安地斯農地的田埂及樹籬都長有野草般的野生馬鈴薯，農人播下的栽培變種有規律地跟野生親戚交配，過程中不斷翻新基因庫，產出新混血品種。只要新品種馬鈴薯證明自己的價值，例如乾旱或風暴後能存活下來，或在餐桌上贏得讚美，就能獲得拔擢，由田埂躋身田中，最終也會出現在鄰居的田裡。於是人擇在此地從不間斷，每個新品種都是土地及種植者反覆互動的產物，中介斡旋的則是一切可能生長茁壯的馬鈴薯，也就是本物種的基因體。

印加人及其後代栽培出來的馬鈴薯遺傳多樣性，堪稱非比尋常的文化成就，而且是給世界其他地區的贈禮，價值大到無法計數。此外，這還是不受限制的免費禮物，與受專利商標保護的新葉馬鈴薯完全不同。智慧財產權是西方新近出現的觀念，對秘魯農民而言，不論過去或現在，都毫無意義。[1] 一五三二年西班牙冒險家法蘭西斯科．皮薩羅（Francisco Pizarro）帶

1 事實上，在近期的貿易協議中，「智慧財產權」的定義明確排除了任何不屬於個人或企業的私人、可轉讓產權的創新。因此，一家企業培育出的新馬鈴薯可以算作智慧財產，但某個部落的馬鈴薯卻不行。——作者註

著一百六十八名士兵前來秘魯，最後征服了印加人，當然他要找的既不是植物，也不是智慧財產。他的眼中只有黃金。那些西班牙冒險家都想像不到，他們在安地斯山高地看到的滑稽塊莖，最後竟然成為他們由「新世界」帶回來的唯一一項財寶，也是最重要的財寶。

◆　◆　◆　◆

五月十五日。下了幾天大雨淋濕萬物之後，本週陽光出現了，我的新葉馬鈴薯也出現了，十來株深綠色的芽苗鑽出土壤，開始成長，比我其他的馬鈴薯都要快且粗壯。除了精力驚人，新葉看來完全正常，有些我園子的訪客開玩笑問新葉會不會嗶嗶叫或發光——當然不會。（發光這個想法現在也不是天馬行空了，我讀過一篇文章寫道，作物育種專家已經研發出發光菸草，方法是植入螢火蟲的基因。只是，我沒讀到他們為什麼這麼做，可能只是要證明做得到吧，只是在誇耀力量。）頭幾天我看著新葉馬鈴薯光潤的深綠色葉子愈長愈多，引頸期待第一隻不智的甲蟲來造訪，我不禁想到，它們與我的其他植物有著根本上的不同。

馴化植物在某種程度上都是活生生的人工檔案庫，裝有人類協助「設計」的文化及自然訊息。任何一種馬鈴薯的培育，都反映了某種人類欲望。會選擇某種馬鈴薯來產出形狀修長漂亮的炸薯條，或是產出光潔無瑕的馬鈴薯片，都表現出某民族的食物鏈及文化都喜愛把馬鈴薯做成精製加工食品。同時，我的新葉馬鈴薯旁長有一些更纖巧的歐洲拇指馬鈴薯，代表小規模市場中的種植者經濟學，還有愛吃新鮮馬鈴薯的文化，因為這些馬鈴薯變種裡，沒有一種耐得住長途運送或長時間貯存。我不敢確定自己的秘魯藍馬鈴薯有什麼文化價值，或許什麼都沒有，只是某民族早中晚三餐都吃馬鈴薯，所以渴望一些變化。

十八世紀的法國美食家安泰爾姆．布里亞—薩瓦蘭（Anthelme Brillat-Savarin）有句名言：「告訴我你吃什麼，我就知道你是什麼樣的人。」馬鈴薯的特質一如任何馴化動植物，都反映了種植、食用它的民族有何價值觀。然而，這些特質早已存在於馬鈴薯之內，存在於馬鈴薯這種植物所呈現的基因可能性宇宙的某處。雖然那個宇宙可能很龐大，但並非無限。自然界無親緣的物種不能雜交，所以培育者的巧藝勢必面臨自然的限制，那個限制便是馬鈴薯的意願或能力，也就是該物種的基本身分。對於文化如何影響馬鈴薯，自然向來都能投下某種否決票。

直到今日。新葉是第一種推翻大自然否決票的馬鈴薯。孟山都公司喜歡把基因工程技術描摹成「人類修訂自然」這部古老史書的又一章節，可以回溯到人類發現發酵技術。該公司把生物科技定義得如此廣泛，以至於啤酒發酵、乳酪製作及選種繁殖都包括在內——這一切都涉及操控生命形態的「科技」。

只是，這種新的生物科技已然推翻植物內在主宰自然與文化關係的種種規則。馴化從來不是人類控制別的物種那麼單向、單純的過程，別的物種只有在對自身有利時才會加入。許多植物（比如橡樹），根本只旁觀而不參與整個遊戲。達爾文把那個遊戲稱作「人擇」，其規則與天擇向來沒有兩樣。植物野生狀態原本就展現許多新特質，然後人類選擇哪些特質可以留存下來而欣欣向榮（若進行的是天擇，就是自然在主導此一過程）。達爾文在《物種源始》中寫道：「人類並不會造成變異。」但關於這條規則，他的態度過於武斷。

現在人類做到了。育種專家首度可以隨心所欲地把自然界各處特質帶進植物的基因體內，來源包括螢火蟲（發出螢光）、比目魚（抗霜凍）、病毒（抵禦病害），至於我的馬鈴薯，則是從名叫蘇力菌的土壤細菌取得對付科羅拉多金花蟲的特質。就算再經過一百萬年的天擇或人擇，那些物種原本仍不會帶有那些特質。「透過遺傳來改良」已經……被別的東西取代了。

今日，基因確實偶爾可以跨物種移動，許多物種的基因體似乎比科學家以往認定的更具流動性。只是，出於一些我們仍不完全了解的因素，自然界確實存在界線嚴明的物種，且展現出某種程度的基因完整性，即便種間雜交，生出的後代也不具繁殖力。大自然會豎立起物種界限的高牆（雖然偶爾可以穿透），可能其來有自。讓物種有別，可能正如某些生物學家所相信的那樣，目的是設下障礙以阻擋病菌，不讓病菌橫行，控制住傷害，如此單一種細菌才無法一舉殲滅地球生物。

蓄意把跨越物種界線，甚至跨越生物分類學「門」的基因導入植物，意味著植物本質身分（或者說無法化約的野性）的壁壘已被突破，這次突破門界的主角不是自然界偶爾出現的病毒，而是揮舞強力新工具的人類。

這是有史以來，基因體本身首度被馴化，被納入人類文化的麾下。這一點讓我種植的馬鈴薯與本書中其他植物略有不同：其他三種植物既是馴化的主詞，也是受詞，與人類共演化時，是以既「施」又「受」的對談方式進行。但新葉馬鈴薯卻只能「受」，只能傾聽。它能否由獲贈的基因中得利，我們不敢確定。我們敢確定的是，馬鈴薯在自身故事裡不是主角，與蘋果的角色大不相同。如果只憑自己演化，它不會取得蘇力菌的基因。新葉馬鈴薯故事裡的主角是在孟山都公司工作的科學家，而不是馬鈴薯。當然，這些穿著實驗室白袍的科學家與身著咖啡袋的強尼蘋果籽有某些共同點：他們都曾經或正致力於向全世界傳布植物基因。只是強尼蘋果籽，還有啤酒釀造業者、乳酪農、高科技大麻育成者，還有其他「生物科技技術人員」，即便運用操控、選擇、強迫、複製等方式來改變手中的物種，但這些物種從來沒有喪失演化過程中的發言權，從來沒全然變成我們欲望的受體。現在，這些植物一度無法簡化的野性已經……被減少了。不管這對植物（或對我等）是好是壞，但無疑是全新的做法。

來到我園子的新葉馬鈴薯最驚人之處，可能是植入的蘇力菌基因所代表的人類智慧。以往，那樣的智慧都存在於植物之外，存在有機農人或園丁（包含我在內）的大腦中，人們通常是把蘇力菌當作噴劑，操控某些昆蟲與特定細菌間的生態關係，進而打敗昆蟲。新葉馬鈴薯這種含有蘇力菌基因（類似的基因也已經植入玉米作物）的新作物令人啼笑皆非的一點在於，這新作物內建的文化訊息，恰巧就是一直藏在特定族群大腦中的知識。其他生物科技作物，比如孟山都公司改造出來抵抗自家公司專利除草劑農達（Roundup）的那些作物，內建的是極其不同、更屬工業種類的智慧。

要看待基因工程，有種角度是它准許更多人類文化及智慧進入植物體內。由此觀之，新葉馬鈴薯顯然比我其他的植物要聰明一些。其他馬鈴薯碰到科羅拉多金花蟲來襲，都得仰仗我的知識與經驗。新葉馬鈴薯呢，已經擁有我腦中關於蘇力菌及甲蟲的知識，能照顧自己。因此基因改造植物一開始似乎被視為外星異類，但那是不太正確的看法；它們其實比別的植物更像我們，因為它們體內有更多的「我們」。

◆　◆　◆　◆　◆

時間：一五八八年，地點：愛爾蘭。正如被引入某個既有生態系的外來物種，馬鈴薯在十六世紀末首度抵達歐洲時很難找到立足點；一開始人們可能不想把馬鈴薯帶進西班牙船裡。麻煩之處不在歐洲的土壤或氣候，因為後來證實馬鈴薯毫無水土不服的問題（至少在北部是如此），而在歐洲人的腦袋。即使歐洲人後來知道了，比起任何作物，這種特殊新植物更能在較少土地產出最多糧食，大部分歐洲文化對馬鈴薯仍不友善。為什麼？因為歐洲人以往不食用植物塊莖，因為馬鈴薯屬於茄科（名聲同樣不好的番茄也在其內），因為人們認為馬鈴薯是痲瘋病和不道德的起因，因為聖經沒提到馬鈴薯，因為馬鈴薯來自美洲，是被征服的未開化種族的主要糧食。拒吃馬鈴薯的理由五花八門，但最終大多可以歸結如下：這種新植物裡頭似乎人類文化含量太少，而大自然守舊古板的成分又太多——從這個角度看來，它實在很不像我的新葉馬鈴薯。

那麼，愛爾蘭又如何？愛爾蘭是例外，而這例外證明了規則的存在——確實，這個例外是這條規則的主要起草者，由於愛爾蘭與馬鈴薯非比尋常的關係，更讓英格蘭人強烈懷疑愛爾蘭人是否非我族類。馬鈴薯引入歐洲之後，愛爾蘭很快就接納了，此一宿命般的事件，有時候被歸因於英格蘭探險家沃爾特・雷利爵士（Sir Walter Raleigh），有時則被歸因於一五八八年有艘西班牙大型帆船在愛爾蘭海岸外發生海難。誠如歷史所示，愛爾蘭的文化、政治及生物環境最適合這種新植物。在愛爾蘭，穀類植物長得很不好（小麥幾乎不能種），而且在十七世紀，克倫威爾圓顱黨人把少得可憐的耕地都搶走，給了英格蘭地主，逼得愛爾蘭貧農不得不靠什麼東西都長不好的漬澇瘠土勉強餬口。很神奇地，馬鈴薯竟設法從那片英格蘭殖民主都不要的土地獲得豐富食物。於是到了十七世紀末，馬鈴薯在「舊世界」已取得灘頭堡，接下來的兩個世紀中，它橫掃北歐，過程中還從根本上重塑了自己的新棲地。

愛爾蘭人發現，少少幾公頃貧瘠土地產出的馬鈴薯就足以養活大家族及其牲口。愛爾蘭人還發現，他們可以用最少的勞力和工具在人們稱作「懶床」（lazy bed）的園圃裡種植這些馬鈴薯。農人只要把馬鈴薯擺在地上形成矩形，然後拿把鏟子，在馬鈴薯苗床的任何一邊挖出排水溝，再由排水溝裡取出土壤、草土或者是泥煤等蓋住塊莖即可。無需翻地，也不要田壟，而且當然沒有「農藝式崇高」——依英格蘭人看來，這也是可鄙的缺點。種馬鈴薯一點也不像農業，毫無秩序井然的大片禾田能提供的阿波羅式快感，也沒有金黃小麥待熟時在太陽下排成整齊的軍伍陣列。小麥向上直指，指向太陽和文明；馬鈴薯卻是向下鑽。馬鈴薯屬於地下世界，在視線不及的地表下形成一顆顆形狀不明顯的棕褐塊莖，再往地面丟出一串凌亂的藤蔓。

愛爾蘭人太飢餓了，無暇顧及農業美學。馬鈴薯可能無法在田野展現秩序或控制力，卻讓愛爾蘭人在很大程度上掌控了自己的生活。如今他們能掙脫英國人操控的經濟鐵幕餵飽自己，不必那麼擔心麵包的售價或工資的漲跌。愛爾蘭人已經發現：一餐馬鈴薯佐以牛乳，營養便已足夠。除了以碳水化合物形式供給能量之外，馬鈴薯還提供大量蛋白質及維他命B與C（馬鈴薯最終讓歐洲的壞血病絕跡），欠缺的只有維他命A，但只要喝一點牛奶就可以補充。（所以可以證實，馬鈴薯泥不僅是終極的療癒食物，還能提供一切身體所需。）此外，馬鈴薯不僅好種，還容易料理，只要挖出來加熱，放入鍋裡煮熟或乾脆丟進火裡，就可以吃了。

最終，馬鈴薯贏過穀類的優勢改變了北歐全境，但在愛爾蘭境外，推廣過程卻很艱辛。

在日爾曼，腓特烈大帝甚至得強迫農人種馬鈴薯，俄國的凱薩琳大帝也一樣。法國的路易十六採用更巧妙的策略：他推測，只要賜予低賤的馬鈴薯一定的皇家尊榮，農民就會嘗試種植，最終發現馬鈴薯的好處。於是王后瑪麗．安托瓦內特就在頭上戴馬鈴薯花，路易十六還設計了很有創意的推廣計謀：下令在王室土地種上一畦馬鈴薯，白天派遣最精銳的衛兵看守，到午夜則讓衛兵回家休息。後來時機成熟，當地的農民突然相信這些農作物的價值，趁夜間盜走這些王室馬鈴薯。

這三個國家都逐漸大力種植馬鈴薯，最後終結了歐洲北部的營養不良和周期性饑荒，讓耕地比從前種穀類時養活更多人。由於種植馬鈴薯不需要那麼多勞工，所以馬鈴薯也讓鄉村得以餵飽歐洲北部正在擴大的工業化城市。歐洲政治權力中心向來牢牢座落在溫暖、陽光充沛的南歐，那裡小麥的收成穩定。若是沒有馬鈴薯，歐洲權力的天平永遠不會倒向北方。

對馬鈴薯懷有偏見的最後堡壘是英格蘭，而且不僅限於冥頑不靈、迷信的小農階層。時間進入十九世紀後，倫敦上流社會還有很高比例認定馬鈴薯或多或少危及文明。需要證據嗎？只要往愛爾蘭方向一指就有了。

◆ ◆ ◆ ◆ ◆

地點：英格蘭；時間：一七九四年。一七九四年英倫諸島小麥歉收，白麵包的價格上漲到英格蘭窮人買不起的地步。糧食短缺引發諸多動亂，期間夾雜了一場馬鈴薯大爭論，時起時伏，吵了半個世紀。雷德克里夫．薩拉曼（Redcliffe Salaman）一九四九年的權威巨作《馬鈴薯的歷史及其社會影響》描述了這場爭論，而文學批評家凱瑟琳．蓋勒格（Catherine Gallagher）寫了篇論文〈唯物論者想像中的馬鈴薯〉，文中對這場爭論的修辭技巧有精采的剖析。當時這馬鈴薯爭論吸引了全英格蘭的頂尖記者、農業經濟學家及政治經濟學者，可以意料的英格蘭人焦慮，包括階級衝突與「愛爾蘭問題」都暴露無遺。但這場爭論也突顯了人們對糧食作物最深的情感，以及這些植物如何讓我們（無論是好是壞）扎根於自然，。到底是我們控制這些植物？還是這些植物控制了我們？

挑起這場爭論的人是馬鈴薯的提倡者，他們認為引入第二主食會為英格蘭帶來福音，如此可以在麵包價格高昂的時候餵飽窮人，並防止工資（往往隨著麵包價格波動）上漲。備受敬重的農經學者亞瑟．楊（Arthur Young）往愛爾蘭一遊，回國時深信馬鈴薯是「豐饒之根」，可以保護英格蘭窮人免遭饑饉，並在圈地運動破壞農民傳統生活方式的時期讓他們更能掌控自己的處境。

激進派記者威廉．科貝特（William Cobbett）也去愛爾蘭遊訪，但帶回了一幅截然不同的馬鈴薯食用者畫像。楊看出愛爾蘭馬鈴薯農場上的自給自足，科貝特卻看到卑微可憐的勉強維生及依賴。科貝特主張，馬鈴薯的確餵飽了愛爾蘭人，但也讓他們更加貧困，原因是全國人口數因馬鈴薯而激增，不到半個世紀便由三百萬人增加到八百萬，因此迫使工資下降。馬鈴薯豐富多產，讓愛爾蘭男子可以提早結婚，養活一大家子人，勞力供給面增加，工資便下降。馬鈴薯的豐饒恰成詛咒。

在自己的報導中，科貝特把這「該死的根莖類」描述成一股地心引力，將愛爾蘭人從文明中抽出，拉回大地之下，逐漸模糊了人與禽獸，甚至人與根莖的分野。他描述食用馬鈴薯的人所住的泥屋：「根本沒有窗戶……沒有地板，地面只有泥土。沒有煙囪，只有牆的一側有個洞充作門……洞口圍了幾塊石頭。」在科貝特刻薄的描繪下，愛爾蘭人自己也移入地下，跟他們的馬鈴薯塊莖在泥淖之中為伍。科貝特寫道，馬鈴薯煮好了，「撈起來放到大盤子裡，全家人圍蹲在食物籃旁，手抓馬鈴薯食用。豬呢，就站在一旁，有人會餵牠吃，有時牠乾脆把頭埋在鍋子裡吃。牠從那門洞進進出出，四處打轉，猶如家族成員。」馬鈴薯憑一己之力就拆解掉文明，放任大自然回來掌控人。

英國人有時把馬鈴薯稱作「麵包根」，這兩種食物的象徵性對比在整場爭論中陰魂不散，而且馬鈴薯從沒取得優勢。凱瑟琳・蓋勒格指出，英國人通常把馬鈴薯描繪為簡單的食物，原始、落後，沒有任何文化與之共鳴。隨著時間推移，那種缺失本身恰好成為馬鈴薯的文化共鳴，馬鈴薯開始象徵食物不再具有超越食物本身的意義，而僅只是動物的能量來源。麵包呢，則代表另一件事，正如同麵包發酵充滿空氣一般，麵包也充滿意義。

小麥和馬鈴薯一樣始於自然界，只是接下來被文化改造了。馬鈴薯只需扔進鍋子或火堆裡，相形之下，小麥需要收割、脫粒、磨粉、和麵、揉麵、成型、烘烤，然後，在變體最後的奇蹟中，沒有固定形狀的麵團膨脹成麵包。這種精心製作，以其分工及暗示超脫，象徵著文化凌駕了粗糙的自然。一種普通食物從此成為人類乃至靈性交流的象徵，因為把麵包視為耶穌基督身體的看法由來已久。假如笨拙沉悶的馬鈴薯是基本物質，基督徒心中認定的麵包恰成馬鈴薯的相反，是反物質，甚至是精神性的。

政治經濟學家也投身馬鈴薯論戰，儘管他們用多少更加科學的術語來闡述論點，但遣詞用字也透露出憂慮，擔心自然會威脅文明的控制。馬爾薩斯（Thomas Robert Malthus）的邏輯發軔於如此前提：人類受食欲色欲等欲望驅使，只有饑荒的威脅才能讓人口不至於爆炸。馬爾薩斯相信，馬鈴薯引發的危險，在於它解開了正常時可以控制人口的經濟約束。這正是愛爾蘭問題解不開的死結：「只要馬鈴薯體系還能夠使人口數成長，遠遠超過勞動力正常的需求，下層愛爾蘭人這種懶惰、喧鬧的習性就永遠不會改正。」

正如馬鈴薯讓食用者遠離製作麵包的文明化過程，馬鈴薯還會讓人背離經濟學教誨。亞當．斯密（Adam Smith）和大衛．李嘉圖（David Ricardo）這樣的政治經濟學家都把市場視為敏感的機制，可以調整人口數來配合勞動力需求，而麵包價格就是這種機制的規範。當小麥價格上漲，人們就得控制食與色這兩種欲望，從而減少新生嬰兒的數量。「馬鈴薯系統」的問題是，在其庇護下，依需求代數而調整自身行為的「經濟人」，會被不理性的「食欲人」（套用蓋勒格的術語）所取代。若說經濟人是在阿波羅冷靜理性的大旗下行動，那麼食欲人則受世俗、生殖力強大、反道德的戴歐尼索斯所役使。因為愛爾蘭人自耕自食馬鈴薯，也因為馬鈴薯（不同於小麥麵粉）不易儲存和買賣，所以從來沒有成為大宗商品，也因此就像愛爾蘭人一樣，除了自然，不向其他權威屈服。

從政治經濟學家的觀點，資本主義的交易行為跟烘焙很像，代表一種把無序的自然變得文明的方式——而所謂無序的自然，就是植物與人類的本質。沒有商品市場的約束，人類就會退化至本能狀態，飲食、性事無節制，最終殘酷地導致人口過多和苦難。大衛．李嘉圖相信，馬鈴薯既是這種退化的原因，也是其象徵，是把控制力還給自然。只要人類還要進食，我們就永遠無法讓自己免於大自然變遷的蹂躪，而李嘉圖相信，最好的解方就是仰賴小麥這樣的主食，既可以貯存起來免於風雨乾旱的侵害，還隨時可以轉變為金錢去購買其他食品。

馬鈴薯則無法提供如此保障。馬鈴薯拒絕超越自身本質去變成大宗商品，借用蓋勒格的說法，威脅著要「抹掉先進經濟帶來的進步，而先進經濟曾解放人類，讓人類免於仰仗變幻無常的自然。」

至少在這一點上，歷史證明了政治經濟學家極其正確。馬鈴薯似乎曾將控制力賜將愛爾蘭人，結果卻只是場殘酷的幻象。仰賴馬鈴薯事實上讓愛爾蘭人極度脆弱，而那與其說是受經濟變動影響，不如說是受無常自然的擺布。一八四五年夏天，愛爾蘭人猛然驚覺這一點。當時，馬鈴薯晚疫黴（*Phytophthora infestans*）登陸歐洲，可能是搭乘美洲的船隻。幾週之內，這種凶猛真菌的孢子隨風傳播到整個歐陸，馬鈴薯及吃馬鈴薯的人都難逃一劫。

◆　◆　◆　◆　◆

地點：聖路易市；時間：六月二十三日。當我的新葉馬鈴薯在初夏炎熱天氣中欣欣向榮，我到孟山都公司設在聖路易市的總部一遊。在那裡，人類長年以來渴望控制自然的崇高夢想盛開成碩大花朵。如果要了解人與馬鈴薯的關係，一五三二年去的地方是南美洲山區的馬鈴薯田，一八四五年是都柏林市附近的「懶床」，那麼今日要去的肯定是聖路易市外孟山都企業園區的溫室研究室。

我的新葉馬鈴薯是某種基因改造植物複製品的複製。第一次基因改造在十多年前，地點在密蘇里河畔長長一排低矮的磚製建築，若沒有迷人的屋頂，這些房舍跟別的企業建築群沒兩樣。由遠處看去像是微微發亮的玻璃城垛，走近時才發現原來是二十六座溫室，以一連串三角形山峰的型態構成建築頂部。第一代基因改造作物（包括新葉）自一九八四年起便種植在這些溫室裡，尤其在生物科技發展初期，沒人敢確定這些植物種在室外或大自然裡是否安全。今日，這處研發機構是少數同類型的研發場所之一（孟山都在全球只有兩三家競爭企業），全球的糧食作物就在這類機構重新設計。

戴夫．史塔克（Dave Starck）是孟山都公司的馬鈴薯高級研究員，他陪我參觀用於改造馬鈴薯基因的潔淨溫室。他解釋道，有兩種方法可把外來基因接合到植物裡，第一是用農桿菌（agrobacterium）來感染植物，這類病原體會突破植物的細胞核，然後用自己的某些DNA取代植物的DNA；第二種方法是用基因槍射擊植物。農桿菌法對闊葉類物種如馬鈴薯似乎能發揮最好功效，而基因槍對草本植物如玉米及小麥較佳，雖然原因尚未釐清。

基因槍是怪異的科技產品，結合了高科技與低科技，但主要該了解的是，「槍」在此不是比喻，點二二口徑槍管把浸有DNA溶液的不鏽鋼彈射入目標植物的莖或葉。若一切順利，某些DNA會刺穿某些細胞核的外壁，奮力直入植物的雙螺旋基因結構，就像暴漢闖入排舞的隊伍。假如新DNA湊巧登陸在正確地點（還沒人曉得正確地點是什麼，又在哪裡），由該細胞長出來的植物會表現出新基因。就這樣嗎？就如此而已。

農桿菌除了進入時手段稍微溫和些，運作方式大致相同。在無塵室，氣壓刻意設得較高，防止遊蕩的微生物逸入，技術人員坐在實驗室長椅上，面前放著培養皿，裡面有指甲大小的馬鈴薯莖，浸在透明的營養膠液中。他們把農桿菌溶液注入膠液介質，農桿菌的基因已經代換成孟山都公司想要插入的那些基因（利用特定的酶來剪貼精確的DNA序列）。除了蘇力菌基因，也要把「標記」基因接合進去——這個基因通常會帶來某種針對特定抗生素的抗性。如此一來，技術人員就可以倒入抗生素淹沒培養皿，看看哪些細胞（即沒被抗生素殺死的細胞）吸收了新DNA。標記基因也可充當某種DNA指紋，讓孟山都公司可以認出自己培養的植物及其後代，即使它們已離開實驗室很久亦然。孟山都幹員只需簡單測試一下我園子裡任何馬鈴薯葉片，就能查出該馬鈴薯是否為其公司的智慧財產。我也了解到，不管基因工程是什麼，它都是強力工具，能把植物變成私產，只需每株打上自己的通用商品代碼就可以了。

幾小時後，還存活的馬鈴薯莖片會開始生根。幾天後，這些馬鈴薯苗就會移到樓上，放入屋頂的馬鈴薯溫室。我在馬鈴薯溫室遇見葛蘭妲·德伯里奇（Glenda Debrecht），這位笑容可掬的園藝師邀請我戴上乳膠手套，幫她把那些小指頭大小的馬鈴薯苗從培養皿移植到裝滿特製土的小盆裡。經歷過實驗室那些抽象的理論及操作後，我感覺在溫室處理實際植物總算是回到較熟悉的領域。

當我們在一排排帶輪子的小盆架之間來回工作時，德伯里奇說，從培養皿到移栽溫室，整個過程要進行數千次。她解釋道，大致上是因為結果充滿變數，即使細胞已接受植入的DNA亦然。例如，新DNA在基因體的位置如果有錯，將無法表現自己，或者表現得很差。在大自然，也就是有性繁殖之中，基因不是一個接一個移動，而是與調節其表達的相關基因一起移動，後者能啟動與關閉前者。在性活動中，遺傳物質的移轉也有序得多，過程中多少保證每個基因都能落在合適的相鄰位置，不會在過程中絆倒其他基因而無意中影響其他基因的功能。「遺傳不穩定性」是個籠統的術語，用來描述外來基因錯位或缺乏調控時，對新環境可能產生各種料想不及的影響，從看不見、極微妙（例如新植物中某些特別蛋白質表現過與不及），一直到很明顯的古怪——德伯里奇就見過很多畸形馬鈴薯。

史塔克告訴我，基因移轉的成功率可以在一成到九成之間，這個統計數據令人皺眉。因為某種不詳因素（基因不穩定？），儘管一開始用的是單一已知的馬鈴薯複製品種，過程中也會產生很多變種。德伯里奇解釋說：「所以我們種出數千種植物，然後找出最棒的。」結果經常會產出許多方面都很優異的馬鈴薯，新基因的存在無法解釋這件事。這一點肯定能解釋我的新葉馬鈴薯何以生氣勃勃。

圍繞著這個過程的不確定性令我印象深刻。這項科技怎麼會既複雜得驚人，同時又像在遺傳的暗影中亂槍打鳥？把一堆DNA扔向細胞壁，看看有什麼會黏住；只要試夠多次，你就可以找到自己想要的。與德伯里奇一起搬運馬鈴薯，也讓我了解到，要蓋棺論定這項科技「本質上」是明智或危險，恐怕永遠做不到。因為每棵新的基因改造作物都是自然界獨一無二的事件，帶來自己的一系列基因變數。這意味某一世代的基因改造植物雖然既安全又可靠，但並不必然保障下一代也是如此。

史塔克承認：「基因的表現，有好多事情我們仍然不懂。」因素極多，環境也包含在內，影響著導入的基因能否做出人類期待它做的事情，若是能，又發揮到怎樣的程度。早期有個實驗，科學家成功地把產生紅色的基因植入矮牽牛花。種到田裡之後，一切都照計畫進行得很好，直到溫度上升到攝氏三十二度，田裡的矮牽牛花突然變成白色，令人不解。在秩序井然的阿波羅農地上栽培出來的，竟是戴歐尼索斯式的丑角，這難道不會「稍微」動搖人們對基因決定論的信心？此事顯然絕不像電腦安裝軟體那麼單純。

◆ ◆ ◆ ◆ ◆

七月一日。我從聖路易市回家，我的新葉馬鈴薯已經長得很茂盛。此時該給馬鈴薯培土，所以我拿了把鋤頭把壟溝邊緣的沃土挖到馬鈴薯莖幹四周，保護發育中的塊莖不受陽光照射。我還撒了幾鏟陳年牛糞作肥料，馬鈴薯似乎很喜歡這種東西。我嚐過最甜最棒的馬鈴薯，是我十幾歲那年幫鄰居掘開純馬糞堆挖出的那些，那是他種下的。我有時會想，一定是這種令人眼花繚亂的煉金術，讓我把一生賣給園藝——不只是賣給馬鈴薯種植，也賣給近乎魔術、宗教聖禮的園藝。

我的新葉馬鈴薯現已大如灌木，頂端長滿莖柄纖細的花。馬鈴薯花很美，至少以蔬菜的標準看來是如此。五片淡紫色的花瓣呈星形，中心呈黃色，還散發淡淡玫瑰香。有天下午天氣悶熱，我瞧見蜜蜂在我的馬鈴薯花上打轉，粗心地讓黃色花粉裹滿全身，接下來跌跌撞撞飛去跟別的花朵、別的物種廝磨。

「不確定性」這個主題，大致可以貫串環保人士和科學家對農業生物科技提出的諸多質疑。藉著種上數百萬公頃基因改造作物，我們把新奇的東西導入自然界及食物鏈，但又不全然理解後續影響。諸多不確定的情形中，有幾種跟蜜蜂從我馬鈴薯花中運走的花粉命運密切相關。

例如，那些花粉跟植物其他部分一樣，都含有蘇力菌產出的毒素。蘇力菌在土壤裡自然就會生產該毒素，一般認為那種毒素不至於危害人類，但基因改造作物內的蘇力菌作用方式，跟農人多年來噴灑在自己作物上的普通蘇力菌不同。普通蘇力菌產出的毒素在大自然通常很快就會分解，但基因改造的似乎會累積在土壤裡。這一點或許無關緊要，但我們不敢確定（起初我們不太清楚普通蘇力菌在土裡做了什麼）。我們也不知道這種全新的蘇力菌對環境的整體作用會不會衝擊我們本不想殺死的昆蟲。目前已經有幾點理由值得關切。科學家在實驗室實驗中發現，有蘇力菌基因的玉米產出的花粉會使帝王斑蝶喪命。帝王斑蝶並不吃玉米花粉，但專吃乳草（Asclepias syriaca）這種美國玉米田裡常見的雜草。帝王斑蝶的毛蟲吃下染有蘇力菌基因玉米花粉的乳草草葉後，便生病死去。這種情形會在田野上發生嗎？如果成真，問題又有多嚴重？我們不曉得。

值得注意的是，有人一開始就想到要問這個問題。如同我們在化學工業的全盛期看到的，對環境造成的生態影響常在我們最料想不到的地方出現。DDT在全盛期曾受過徹底測試，被認為是安全有效的，但是後來人們發現，這種異常長壽的化學物質通過食物鏈傳遞，最後竟使鳥類蛋殼變薄，極易破碎。科學家發現此情形的契機，倒不是有人質疑DDT，而是有人納悶全球猛禽數量為何突然驟減？最後找到的答案是DDT。科學家不希望再出現此類事故，所以正絞盡腦汁推想蘇力菌基因作物或「抗農達」除草劑基因作物可能會引發哪些始料未及的問題。

此類問題有一項與「基因流動」（gene flow）有關：蜜蜂逐一把新葉馬鈴薯的花粉散布到整個園子所有植物的花朵中，那麼花粉裡的蘇力菌基因會發生什麼事？透過交叉授粉，那些基因可能會落到其他植物中，也有可能提供新的演化優勢給該物種。人類馴化的植物回到荒野大多表現得很差，我們培育出來優點，比如樹上的果實同時成熟，經常讓那些植物不適應荒野生活。但基因改造作物獲取的優點，比如抗昆蟲或抗除草劑，會讓它們更適應大自然。

基因流動通常只發生在親緣相近的物種中，而既然馬鈴薯是在南美洲演化出來，那麼蘇力菌基因逃逸到康乃狄克州的荒野並導致某種超級雜草出現，這種機會實在微乎其微。那正是孟山都公司的論點，而且沒有理由懷疑。但有趣的是，我們得指出以下矛盾：基因工程之所以強大，正是因為它能打破物種甚至生物門之間的基因隔閡，自由地移動基因；但這項技術若想維持環境安全，卻得仰賴完全相反的現象，即自然界物種的完整性及其排斥外來遺傳物質的傾向。

那麼，如果秘魯農民種植了蘇力菌基因馬鈴薯，或是我種的基因科技作物在本地居然有近親物種，會發生什麼事？科學家已經證實，「抗農達」基因能在一代之內從西洋油菜籽田移動到十字花科某種雜草上，那雜草因此表現出對除草劑的耐受性。同樣的事情也發生在基因改造的甜菜上。這倒不令人意外，值得訝異的反而是在某次實驗中，實驗人員發現轉殖基因要比平常基因更容易遷徙移動。沒人曉得原因，只是這些善於旅行的基因，最後可能讓人格外心驚膽跳。

移動的基因及對除草劑擁有高超抗性的超級雜草，都指明某種全新的環境問題，即「生物汙染」，有些環保人士相信這就是農業由化學模式轉變成生物模式的不幸後果。（我們已經很熟悉一種生物汙染，那就是外來入侵種，例如山葛、斑馬似殼菜蛤和荷蘭榆樹病害入侵本地種。）生物汙染就像化學汙染一樣有害，但化學汙染最後會分解，生物汙染卻能自我複製——不妨把這種差異類比為石油溢出汙染與病變。一旦轉殖基因導致新型雜草或有抵抗力的害蟲出現在生態系，就很難徹底清除，它會變成自然界的一部分。

以新葉馬鈴薯為例，最可能出現的生物汙染是昆蟲演化成能抵抗蘇力菌，這種演化可能會讓我們現有最安全的一種殺蟲劑失效，而且可能重創仰賴蘇力菌的有機農民。[2]害蟲產生抗體的現象是個教訓，讓我們知道控制自然有多麼困難，同時也讓我們了解，以線性的機械思維去應對演化這麼複雜且非線性的過程，會產生很大的麻煩。因為，情形便是如此：我們愈徹底控制自然，天擇推翻我們控制力的速度就愈快。

這項理論的基礎是經典的達爾文主義，而根據這種理論，帶有蘇力菌基因的新作物持續把這麼多蘇力菌毒素添加到自然環境中，導致它獵殺的目標昆蟲很快就會演化出抗體，真正的問題只在需要多久時間。昆蟲抗藥力至今還不成問題，那是因為傳統的蘇力菌噴劑在陽光下很快就會分解，同時農人只在蟲害特別嚴重時才噴灑。抵抗力本質上是一種共演化，生物群落遭逢滅種威脅時，抵抗力就會出現。滅種的壓力很快就會選出出任何有機會突破危機的突變種，讓物種得以改變並存活下來。於是，經由天擇，某一物種試圖全盤控制局面的行為就會招來自身的天敵。

聽到蘇力菌抗體的幽靈已逼使孟山都公司暫時擱下機械式思維的老習慣，改採達爾文信徒的方法來處理問題，我有點驚訝。孟山都與政府監管人員合作，研發出「抗體管理計畫」來拖延蘇力菌毒素抗體的出現。種植含蘇力菌基因作物的農人必須留下一定比例的田地，用來種植不含蘇力菌基因的作物，讓攻擊的害蟲有「避難所」。這種做法，目的是阻止第一隻

2 蘇力菌抗性出現對環境可能意味著什麼，這點較難說清楚。害蟲對人造農藥產生抗性的情況，我們已有許多經驗，但如果自然本身有一種「害蟲控制手段」失去效力，又會發生什麼事呢？——作者註

有蘇力菌抗體的科羅拉多金花蟲跟第二隻也有抗體的蟲子交配，進而展生全新品種的超級害蟲。理論上，當第一隻有蘇力菌抗體的昆蟲出現，可以誘使牠與避難所內沒有抗體的蟲子交配，從而稀釋新抗體基因的力量。本計畫含蓄地承認，若想要持續使用蘇力菌基因來控制自然，那麼相當數量的「非控制」，也就是野性，就必須刻意保留下來。這種思維聽來很明智，但要讓「真命天子」碰到「真命天女」，其中碰運氣的成分真的太大了。沒人曉得避難處該多大，又該設置在哪邊，還有農民是否願意合作（畢竟，為你最想毀掉的害蟲創造安全避難所，實在違反人類本能），更不提昆蟲會不會配合了。

孟山都公司的領導階層很有信心，認為本計畫一定能奏效，只是他們定義的成功，對有機農人而言並不算多大的安慰，因為該公司的科學家表示，假如一切順利，抗體會晚三十年出現。但三十年以後呢？孟山都公司負責法規事項的主任戴夫．赫傑爾（Dave Hjelle）在聖路易市與我共進午餐時說，「還有一千種別的蘇力菌」，所以不用憂慮抗體出現，換句話說，還有別的蛋白質擁有殺蟲特性。「我們可以用新產品來處理這個問題。批評者只是不曉得我們還有多少東西在研發。」當然，這也是農化公司處理病蟲抗體的一貫做法，只消每幾年推出改良的新殺蟲劑即可。而且不知是否走運，前一種殺蟲劑的效力大約跟專利權同時失效。

然而，該公司在提出平平無奇的保證後，也承認了相當令人震驚的事：以蘇力菌為例，孟山都打算榨乾的，不只是某種專利化學合成物質，而是一種自然資源，而這自然資源若真要說屬於誰，那就是屬於所有人。本科技真正的代價即是：向未來收費，這並非什麼新範式。今日在控制自然上有所斬獲，明日就要付出大自然出現新型紊亂失序的代價，而新失序接下來又會變成有待科學解決的新麻煩。「船到橋頭自然直。」當然了，正是這種對待未來的態度，促使我們在想出如何處理核廢料之前便蓋好大批核電廠。核廢料是座橋，我們亟需渡過，但發現自己仍然束手無策。

戴夫．赫傑爾坦率到令人卸下戒備，而我們用完餐之前他吐出的幾個字，是我從未想過會由企業主管口中講出來的——可能只會在不入流電影中聽到。我一直以為這幾個字在早已失去信用的舊範式仍盛行的時期，就已被人嚴格從公司詞彙表上刪掉，但戴夫．赫傑爾證實我錯了。他說：

「相信我們。」

◆ ◆ ◆ ◆ ◆

七月七日。七月第一週，就在我預計要搭飛機去愛達荷州拜訪馬鈴薯農夫前不久，我為防範科羅拉多金花蟲而進行的警戒終告結束。我發現一小群幼蟲，軟軟的褐色小東西，看起來如同揹了個迷你背包，在我那些普通馬鈴薯的葉子上有恃無恐地大吃大嚼。只是，在新葉馬鈴薯葉子上，我找不到任何一條蟲，不論是死是活。孟山都農藝家葛蘭妲．德伯里奇早就替我準備好答案了：肉食性昆蟲可能已經享用掉被新葉殺死的小蟲。但我仍繼續找，最後終於發現有隻甲蟲成蟲坐在新葉的葉片上，我趨前想抓起來時，牠就像喝醉酒般掉落地面。牠因這株馬鈴薯而生病，很快就會死掉。我的新葉真的管用。

我得承認，我感覺一陣狂喜，凡是與害蟲作戰過的園丁都能理解這種勝利感。對偷襲作物的野生動物，不管是昆蟲、土撥鼠或野鹿，典型的園丁一點也不浪漫。他們內心深處相信，作戰時一切手段都合理公平——即使有機農業原則（有點像處理戰犯的「日內瓦公約」）有時會阻礙他聽聽從內心渴望。但是別誤會，這種渴望的幻想情境中充滿來福槍、炸藥和難以形容的劇毒化學品。所以，至少從這個角度來說，看見一株馬鈴薯憑一己之力戰勝金花蟲，真是美事一件——這是「農藝式崇高」的一種巧妙新詮釋。

◆ ◆ ◆ ◆ ◆

時間：七月八日；地點：愛達荷州。我搭飛機往西飛去，「農藝式崇高」充斥心中，在跨越州界飛入愛達荷時尤其如此。由九百公尺高俯瞰，旱地農人的中樞灌溉系統組成的綠色圓盤完美得令人屏息。在愛達荷州許多地方，地貌變成由無數青翠欲滴的綠色圓盤組成的網格，印在雜樹叢叢的褐色沙漠上。外方內圓的綠色圓盤一望無際，不僅是人類秩序的意象，一如自宅後院的排排玉米，而且在美國西部如此不宜人居的環境，也具現了人類艱辛獲勝後的風景。只是，我很快就發現站在地面上很難看到這種一絲不苟的美。

再沒有別的作物比馬鈴薯農更適合為生物科技作證，因此，孟山都公司急切希望我前往愛達荷州會見他們的幾名客戶。由美國馬鈴薯農人的立場來看，新葉馬鈴薯就像上天的恩賜。那是因為典型馬鈴薯農夫面臨的情況是，油綠圓圈裡的植物已浸在過多的殺蟲劑中，導致葉子蒙上一層暗淡的白色化學物，而植物所扎根的土壤則成了毫無生機的灰色粉末。農民稱之為「乾淨農田」，因為理想上這樣的農田已清除了所有雜草、害蟲和病害，也就是說，清除掉所有生命，只剩下馬鈴薯。乾淨農田代表人類控制的勝利，然而對於這樣的勝利，甚至農民自己也開始發愁起疑。對於陷入這種處境的農人，保證連一次化學農藥都不需要噴的新品種馬鈴薯無疑是經濟、環保甚至可能是心理上的恩賜。

愛達荷州的傑羅姆（Jerome）是只有一條街、一家咖啡店的小鎮，位在愛達荷州首府博伊斯以東大約一百六十公里外的州界。某個悶熱上午，在一間空調涼爽、令人昏昏欲睡的咖啡館裡，丹尼．佛西斯（Danny Forsyth）為我清楚解釋了現代馬鈴薯種植的化學和經濟學知識。佛西斯長得瘦小，藍眸，六十多歲，留著讓人意想不到的灰色小小馬尾辮，舉止有點緊張，外表乍看像喜劇演員唐．諾茨（Don Knotts）。他在此地的魔術谷（Magic Valley）種了一千兩百多公頃的馬鈴薯、玉米和小麥，大部分土地都繼承自父親。他談到化學農藥時，語氣就像迫切想戒掉壞習慣的人。

他說：「如果有得選，沒人想用農藥。」他相信孟山都公司提供的，就是那個選項。

我請佛西斯為我講述種一季馬鈴薯的管理流程，也就是控制馬鈴薯田最先進的技術。一般來說，種馬鈴薯始於早春為土壤消毒。為了控制土壤的線蟲和某些病害，在種下作物前，馬鈴薯農夫得先對農場噴灑化學農藥，份量足以殺死土壤裡每種微生物。下一步，佛西斯會用Lexan、滅必淨或撲草滅（Eptam）等除草劑來清光田裡所有雜草。接下來一邊種上馬鈴薯，一邊將浸透性殺蟲劑如賽滅得混入土壤。馬鈴薯幼苗會吸收浸透性殺蟲劑，任何昆蟲只要吃下葉子，幾週內就會死亡。馬鈴薯苗長到十五公分高時，還要再次噴灑除草劑，以控制田裡的雜草。

像佛西斯這樣的旱地農民就在我從空中看見的巨大圓圈裡耕種，每個圓圈的規模都由中樞灌溉系統的半徑來決定，通常面積約為五十五公頃。殺蟲劑和肥料只需直接添加到灌溉系統中。在佛西斯的農場，灌溉系統是從附近的斯內克河（Snake River）抽取河水，後續也會排放回去。佛西斯種的馬鈴薯除了應配得的水以外，還要接受十週的化肥噴灑。就在兩行作物收合之前，也就是緊鄰的兩行作物葉片相碰之前，佛西斯會噴灑針對真菌的達克靈以控制馬鈴薯晚疫黴，過去正是這種真菌導致愛爾蘭馬鈴薯大饑荒，直到今天還是馬鈴薯農最憂心的病害威脅。佛西斯說，只要有一顆真菌孢子，一夜之間整塊農場都會遭感染，把馬鈴薯塊莖變成腐爛的軟塊。

從這個月開始，佛西斯就要雇噴藥飛機來噴灑農藥防治蚜蟲，每隔十四天一次。這些蚜蟲本身無害，但會傳播病毒使馬鈴薯葉子捲起，導致褐皮伯班克馬鈴薯長「網狀疽」，之後馬鈴薯薯肉會出現褐色斑點，導致馬鈴薯加工廠商拒受整批農作物。儘管佛西斯盡一切努力來防治，去年還是遭遇網狀疽之害。網狀疽只是外觀上的缺陷，不過麥當勞相信（而且理由充足）顧客不喜歡看到炸薯條上有褐色斑點，所以像佛西斯這樣的農人便得噴灑現今使用最毒的幾種化學農藥，其中包括達馬松（Monitor）這種有機磷酸酯。

佛西斯告訴我：「達馬松這種農藥會要人命。」目前已知達馬松會傷害神經。「噴了達馬松以後，四五天內我不敢到田裡去，哪怕有個中樞灌溉系統損壞待修也一樣。」換句話說，佛西斯寧可讓一大圈馬鈴薯枯死，也不願讓自己或工人接觸到那種毒素。[3]

除了健康及環保成本，控制整個農田所需的金額也望之令人生畏。愛達荷州馬鈴薯農粗估每種上〇．四公頃的農作物得花一千九百五十美元，主要用在農藥和電費及水費，但在「風調雨順」的一年，每〇．四公頃可只為他賺來二千美元。對於愛達荷州每〇．四公頃收成的二十噸馬鈴薯，炸薯條加工商只願意付那麼多。因此不難想見佛西斯這樣只能掙到蠅頭小利、為農藥而憂心忡忡的農人，見到新葉馬鈴薯這樣的作物會有多開心了。

佛西斯說：「新葉意味著我可以少噴幾次藥。可以省錢，睡得較好，還能種出好看的馬鈴薯。」

開車去看他的馬鈴薯田之前，佛西斯跟我聊到有機農業的命題。對有機農業，佛西斯講的有些是老生常談（例如「完全適合小規模農業，但無法餵飽全世界」），但有些則是我從沒想過會從慣行農夫口中聽見的。「我喜歡吃有機食物，事實上我在屋內種了好多。我們在市場買的蔬菜得一洗再洗。我不曉得該不該說這些，但我總是留一小塊地種不用任何化學物質的馬鈴薯。本季結束時，我田地裡的馬鈴薯吃下去不會有事，但我今天所挖的任何一顆馬鈴薯都可能還布滿農藥。我是不會吃的。」

丹尼．佛西斯講的話，幾小時後又縈繞在我耳邊。那時我在魔術谷另一戶農家用午餐。史蒂夫．楊恩（Steve Young）是先進、富足的馬鈴薯農，套用陪同我的孟山都職員的讚賞，楊恩是「行家」。他塊頭很大，性格直率，耕種的土地超過四千公頃，儘管已經來到他的農場入口，還得開車好幾公里才能到他家。他向我展示自動控制他那八十五座綠圈馬鈴薯的電腦，螢幕上每個圓圈都代表和控制著農場上的一個綠圈。不必費事走到戶外，楊恩就能灌溉自己的農場或噴灑殺蟲劑。楊恩對自己命運的駕馭程度一如控制農場，呈現徹底現代化的農

3 本書英文初版出版於二〇〇一年，當時達馬松仍廣為使用。後來達馬松因屬於劇毒農藥，在歐盟、日本、澳洲等國均遭禁用，至二〇〇九年，美國也全面自主停用。在臺灣，達馬松五十％溶液自二〇一六年起禁用。農業部動植物防疫檢疫署網站雖仍能查詢到兩張有效藥證，但廠商網站說明成品均為外銷。——編註

人樣貌。他還建了馬鈴薯儲存設備，一座能進行氣調貯藏的棚屋，大如美式足球場，裡頭褐皮伯班克馬鈴薯堆積如山，高度將近十公尺。此外，當地農藥經銷事業中他也有股份。相較於丹尼·佛西斯認定自己完全受農藥、蚜蟲及馬鈴薯加工商擺布，楊恩至少給人一種印象，那就是他有能力操控一切。

楊恩太太幫我們準備了非常豐盛的午宴，當他們十八歲的女兒戴芙說完謝飯禱告，還特別為我加幾句祝福後（楊恩一家是虔誠的摩門教徒），她把一大盆馬鈴薯沙拉傳給我們享用。我自己盛好沙拉後，陪同我的孟山都職員跟她請教沙拉的食材，還拋個微笑給我，暗示她已經知道一切。

楊恩太太眉開眼笑地說：「沙拉裡混合了新葉和正常的褐皮馬鈴薯。今天早晨才挖出來的！」

◆ ◆ ◆ ◆

我慢慢嚼著馬鈴薯沙拉，考量哪種成分最可能危及我的健康，是新葉，還是沾染上賽滅得的褐皮馬鈴薯？我最後決定，答案幾乎可以確定是後者。新葉可能有許多未知數，但我知道褐皮馬鈴薯上布滿毒素。這個答案透露了一些關於基因改造作物的重要訊息，至少來到愛達荷州之前，我還沒準備好聽到。我跟丹尼·佛西斯及史蒂夫·楊恩等農夫邊聊邊走，農場因淋了一整季化學雨而寸草不生，此時孟山都公司的新葉開始看來像上帝的恩典了。對比現有的農作方式，基因改造馬鈴薯代表的是更持久的糧食生產方式。問題在於，這並沒有多大意義。

我跟楊恩一家用過午餐之後，成功擺脫隨行的孟山都人員。時間還夠，我拜訪了鄰近一名有機馬鈴薯農夫。我很清楚，拜訪有機農場絕不能帶上孟山都出身的人。有名緬因州的有機農夫告訴我：「假如說農業裡有罪惡淵藪，那它的名字就叫孟山都。」

麥克．希斯（Mike Heath）相貌粗獷，長滿皺紋，講話簡潔，現年五十多歲。他很像我見過的大部分有機農人，看來似乎待在室外的時間要比慣行農人還多——而且這可能是真，畢竟化學農藥的功效之一，就在節省勞力。我們坐在破破爛爛的敞篷老卡車上巡視他的兩百公頃農場。我請教他對基因工程的看法，他語多保留，比如說基因改造是人工合成的，還有太多未知數等等，但他反對種植生物科技產出的馬鈴薯，主要原因只是「我的客戶不會要那種東西」。

我請教他怎麼看待新葉馬鈴薯，他毫不懷疑昆蟲最後會產生抵抗力。他說：「面對現實吧！蟲子永遠比我們人類聰明。」而且他覺得，孟山都公司犧牲「公共財」如蘇力菌來謀利，真是不公平。

他說的話並不令我意外，令我意外的反而是過去十年內希斯只在自己的馬鈴薯作物上噴灑蘇力菌一到兩次。我本來以為有機農人在使用蘇力菌及其他經核可的殺蟲劑時，方式與慣行農人並無二致，但希斯指點我看遍他的農場後，我才開始了解有機農業遠遠不只是用好的農業資源取代壞的農業資源那麼簡單。似乎得用完全不同的比喻來描述。

希斯不會買很多化學物灑進田裡，相對的，他仰賴長而複雜的作物循環來避免某種特定作物的害蟲不斷增加。例如他發現，在種馬鈴薯前先種小麥，能「迷惑」破蛹而出的金花蟲。他另在馬鈴薯田邊緣種上一排排開花植物，通常是豌豆或紫花苜蓿，以便吸引捕食甲蟲幼蟲及蚜蟲的益蟲。假如益蟲的數量不足以完成工作，他就會引進瓢蟲。希斯還種上十多種馬鈴薯，理論是生態多樣性在農場裡和在荒野中的作用一樣，最能抵禦大自然無可避免的災禍。某種馬鈴薯歉收的損失，可能可以用別種馬鈴薯的豐收來彌補。換句話說，他絕不把農場押寶在單一作物上。

為了強調他的論點，希斯挖了些他種的育空黃金馬鈴薯給我帶回家。他說：「我現在就可以吃田裡的任何一顆馬鈴薯。大部分農人無法從田裡直接拿馬鈴薯來吃。」我決定不提自己的午餐了。

至於肥料，希斯仰賴「綠肥」（種下覆蓋作物再翻埋入土）、來自當地酪農場的牛糞，偶爾噴些液化海藻。結果希斯田裡的土壤與當天我在魔術谷摸過的土地有天壤之別，我本以為該區的土壤是該區常見的均勻泛灰粉狀土，但希斯的土壤卻是深棕色，而且很鬆散。我曉得差別在於此處的土壤有生命。這種土壤不是被動地把水分及化學物質傳遞到植物根部的傳導系統，而會提供某些自己產生的養分給植物。這整套程序又稱「土壤肥力」，雖然其生物學、化學及物理學機制尚未全然揭開（土壤確實是一片荒野），但這無法阻止有機農人及園丁培育土壤肥力。

希斯的作物看來也不一樣，植株更緊緻（化學肥料容易讓植物長太多葉子），田裡某些地方有雜草，小群昆蟲四處飛舞。這與「乾淨農田」截然相反，同時，坦白講，雜草叢生的灌木籬與整體的斑駁讓希斯的農場看來不那麼美觀。至少就眼睛看來，這些田野的秩序似乎比較不森嚴、不完整，邊緣更稱得上紊亂。當然了，其實眼睛看不到的，是更為複雜、較與人類無關的秩序，換句話說，即生態系的秩序。農人更多是在滋養、調節那種秩序，而不是束縛、設限。正因為這種農場很複雜，物種在空間與時間兩個層面上都高度多樣化，土地不用年復一年仰賴大量「農業資源」，就能豐饒多產。這樣的系統大致上自給自足。

開車回博伊斯途中，我思索為什麼不論在愛達荷州或別的地方，麥克．希斯的田園都只是例外。那片田園就是真正的新模式——生物學上的範式，而且似乎很管用：希斯的開支只是丹尼．佛西斯或史蒂夫．楊恩的零頭，但田產量每〇．四公頃有三到四百袋，跟佛西斯一樣多，只比楊恩略低。[4]雖然有機農業逐漸嶄露頭角，但我所遇見的主流農人中，很少有人認為是足以取代現行糧食生產法的「務實」手段。

他們可能是正確的。從很多方面看來，像麥克．希斯這樣的農場完全無法符合企業食物鏈的邏輯。僅舉一例，希斯那種務農法讓全世界孟山都型的公司沒有太大生存空間。有機農人買的東西很少，一些種子、幾噸肥料，另外可能會買幾加侖的瓢蟲。有機農人放較多注意力在過程而非產品上，而且過程無法系統性，舉例而言，無法系統化為丹尼．佛西斯為我制定的噴灑方案——這類流程規則一般都是由販售化學品的公司所設計。經營希斯那樣的農田所必備的地方知識及才智，大部分存在希斯自己的腦中。以慣行農法種馬鈴薯也需要才智，

4 在把希斯的農場與慣行農場進行比較之前，必須將額外的勞力成本（多種小型作物意味著有更多工作要做，而且有機農田也必須進行除草耕作）和時間成本納入考量——典型的有機輪作通常每五年種一次馬鈴薯，而慣行農場則是每三年一次。但即便如此，希斯的馬鈴薯仍能賣到幾乎兩倍的價格：每袋九美元，由一家有機食品加工商購買，做成冷凍薯條出口至日本。——作者註

只是那大部分都在遠地，例如聖路易市的實驗室。在那些地方，才智是用於研發各種「農業資源」，例如農達除草劑或新葉馬鈴薯。

這種集中化農業不可能在短時間內扭轉，哪怕原因只是其中牽涉太多金錢，而且至少就短期結果而言，農人跟大公司購買預先裝好袋的各種「解決方案」，實在省事多了。溫德爾·貝利有篇文章標題問道：「農民在用誰的腦袋？」現在變成「誰的腦袋在用農民？」在某一刻，早已成往事的某一刻，農民原本打算全盤控制自然，結果演變成農民遭到那些宣揚「全盤控制自然」美夢的企業所控制。正因為這個夢想如此難以捉摸，農民才無法掙脫商人的控制。

◆ ◆ ◆ ◆ ◆

麥克·希斯這類的有機農人拒絕了工業化農業無可置疑的最大優勢（也是很大的劣勢），那便是單作栽培及其帶來的規模經濟。單作栽培是現代農業最強力的簡化工具，是將大自然重新配置成機器的關鍵舉措。只是農業裡，單作栽培就是最和大自然運行格格不入的事物。很簡單，一大片單一作物總是極度脆弱，難以抵抗昆蟲、雜草、病害——以及大自然所有變幻莫測的威脅。單作栽培事實上是困擾現代農民每一問題的根源，而每項農工產品事實上也是設計來解救現代農民的。

坦白說，希斯這類農人是辛苦調整農場去配合自然界的邏輯，丹尼·佛西斯則更辛苦，調整農場去搭配單作栽培的邏輯，及其背後的工業食物鏈邏輯。舉個小例子來說明，我問希斯如何因應為禍佛西斯作物的網狀疽病害，他的回答簡單得叫我心服口服：「那是褐皮伯班克馬鈴薯的問題。所以我種別種馬鈴薯。」佛西斯做不到這一點，他是食物鏈的一分子，食物鏈的遠端屹立著一包完美的麥當勞薯條，所以食物鏈命令他只能種褐皮伯班克，不能種別的。

理所當然，這樣子生物科技才有機會插手解救佛西斯的褐皮伯班克，孟山都公司就押寶在這條自己也隸屬其中的工業食物鏈。單作栽培正面臨危機。讓單作栽培成為可能的殺蟲劑正迅速消失，要不是因昆蟲產生抗性，就是因人們憂心殺蟲劑的危害。土地肥力在化學產品的屠戮下降低，許多地方的糧食產量也在下降。俄勒岡州農業推廣服務中心某位昆蟲學家告訴我：「我們需要新的妙計，而生物科技就是了！」但是，新的「妙計」跟新的農業範式不盡然是同一件事，反之，這是一種能讓舊範式存活下去的東西。舊農業範式始終把佛西斯農場裡的麻煩解釋成科羅拉多金花蟲帶來的問題，而非直指真正的問題核心，即馬鈴薯單作栽培帶來的麻煩。

◆ ◆ ◆ ◆

我詢問如何處理網狀疽，麥克．希斯叫我心服口服的答案「那其實只是褐皮伯班克馬鈴薯的問題」，表明了單作栽培的問題本身既是農業問題，也是文化問題。也就是，這個問題牽涉到我們所有人，而不僅題牽涉到農人及孟山都這樣的公司。傳統新聞總是報導貪婪企業搞出邪惡科技的故事，但我開始省悟，這其實忽略了一個重要因素：我們，以及我們對控制和一致性的渴望。我在愛達荷州看到的這麼多事物，從「乾淨」農田到電腦控制的作物種植圈，都源自食物鏈那一端完美的麥當勞薯條。

我回博伊斯的路上，特地開車到麥當勞買包薯條。雖然無法百分之百確定，但這些薯條很可能是我一天中食用的第二餐新葉馬鈴薯；當時麥當勞已經用新葉來製作薯條了。有位孟山都高層告訴我，早期若沒麥當勞的支持，新葉馬鈴薯可能永遠不會從田裡長出來，甚至不可能種進地裡。原因是，麥當勞正是世界上數一數二大的馬鈴薯買主。[5]

如你所知，麥當勞的薯條真的很漂亮，纖細金黃的長條形，長到足以冒出整齊的紅色紙包邊，就像一束花。有位農民告訴我，只有褐皮伯班克馬鈴薯才能做出這樣長而完美的薯條。看著它們，你會了解這些薯條不僅僅是薯條，而是薯條的柏拉圖理型，意象與食物融為一體，全球各地都買得到，花上美元一兩塊錢就可以買上一包。你抵擋不了。

在愛達荷州的偏遠無名小鎮，我想去找我在家鄉吃到的那種「柏拉圖理型薯條」，我確信在此地必定找得到，而且無論在東京、巴黎、北京、莫斯科，甚至亞塞拜然或曼島，只要我想，任何時候都可能發現。那若不是控制，是什麼？而且不只是麥當勞的控制。不論背後動機為何，除非麥當勞確保全球有數百萬英畝的褐皮伯班克馬鈴薯，否則這個期待不可能實現。沒有世界級的單作栽培，全世界的欲望不可能得到滿足，而世界級的單作栽培現今仰賴各類科技如基因工程，互為唇齒，缺一不可。

全世界的欲望及科技結盟，對褐皮伯班克馬鈴薯而言是極大的福音，至少單就數量來說是如此。人類史上有如此成功的馬鈴薯嗎？只是它的成功也不太穩定，因為這一組特別的馬鈴薯基因（或者應該說，現在是馬鈴薯基因加蘇力菌基因和反抗生素基因，拜孟山都公司所賜），面對自然界的興衰起伏，或人類此一物種的粗心，也是最為脆弱的。以演化來看，單作栽培是否可以代表某物種的長期成功，則見仁見智。在愛爾蘭發生饑荒前，蘭普（Lumper）原是當地人最愛的馬鈴薯，其獨占地位類似褐皮伯班克；但時至今日，其基因已罕見如渡渡鳥了。

這些薯條帶給我的樂趣中，有部分是因為它們很完美地符合我的期望，也就是符合我腦袋裡「薯條的理型」，拜麥當勞公司之賜，這個理型已成功種進全球數十億人腦袋當中。那麼，此處「單作栽培」這個詞彙就有全新的意義了。就如同以此詞彙為名的農業耕作，全球口味的單作栽培也關係到一致性及控制。完全沒錯，農地的單作栽培與全球經濟的單作栽培，以各種重要方式彼此滋養；兩者錯綜複雜地交織，展現了同一種阿波羅式欲望——這種欲望是指我們有種衝動，想讓一致性凌駕特殊性與各地特性，也想讓抽象高於具體、理想優於實際、人工高於自然。古羅馬時期的作家普魯塔克（Plutarch）寫道，阿波羅精神謳歌的是「唯一，否定多元，捨棄繁複」。相對於戴歐尼索斯的「多變歧異」與「恣意放肆」，阿波羅展現的是「一致及秩序」的力量。因此阿波羅成了單一性之神，不管是人類的單一性或植物的單一性。儘管阿波羅還有許多比這更崇高的面貌，但在此時此地，他也進入每一包麥當勞薯條裡。

註

5　因為社會大眾對基改食物日益感到不安，近年來麥當勞和幾個大型餐飲公司已經停用基改作物來製造產品。——作者

◆ ◆ ◆ ◆ ◆

地點：愛爾蘭；時間：一八四六年。一八四六年夏天，有位馬修神父在信件開頭寫道：「上個月（七月）二十七日，我經過科克（Cork）來到都柏林，這遭詛咒的植物還燦爛繁茂地開著花，預告將有豐收；（八月）三日我回來，難過地看見腐爛的作物變成占地廣大的垃圾。好多地方不幸的人們只能坐在自己破敗園子的籬笆上，絞著雙手，為了農作遭毀、無糧可吃而痛哭流涕。」

腐爛馬鈴薯的惡臭宣告了馬鈴薯晚疫病的降臨，到一八四五年夏末，愛爾蘭全境瀰漫著惡臭，然後在四六年、四八年再度爆發。導致馬鈴薯晚疫病的真菌孢子乘風飄散，只需一個晚上，就能在田裡現形。先是馬鈴薯葉片出現黑色斑點，然後壞疽的汙斑往下散布到馬鈴薯莖幹上，最後發黑的塊莖會變成極其難聞的爛泥。只要幾天的工夫，這些真菌就可以把綠色田野變成一片枯黑，即使儲存起來的馬鈴薯也難逃一劫。

馬鈴薯晚疫病也侵襲歐洲各地，但只在愛爾蘭才造成巨大災難。在其他地方，要是某種莊稼歉收，人們可以轉向其他主食，但當時愛爾蘭相當貧窮，以馬鈴薯餬口，又被排除在現金經濟體系以外，因此別無選擇。情形正如饑荒時常出現的那樣，問題不只是單純的欠缺食物。饑荒最嚴重時，愛爾蘭各港口碼頭還堆積了裝滿玉米的麻袋，準備出口到英國。但是，玉米是大宗商品，必然會跟著金錢移動，以馬鈴薯為食的人沒有錢買玉米，玉米便揚帆送往買得起的國家。

自一三四八年黑死病出現以來，馬鈴薯饑荒是歐洲最嚴重的災難。愛爾蘭人口大幅削減，三年內每八個愛爾蘭人中就有一人死於饑荒，總計約一百萬人。少了馬鈴薯提供的維生素，倖存下來的人也有成千上萬變瞎或發瘋。當時的惡法規定，擁有超過〇．一公頃土地的人都無權獲得救濟，因此數百萬愛爾蘭人被迫放棄土地以換取救濟。人們絕望地離鄉背井，只要還有力氣和所需資金就移民到美洲。十年內愛爾蘭人口減少了一半，而美國的人口結構也永遠改變了。

當時描述馬鈴薯饑荒的文獻，讀來宛如煉獄：街道堆滿屍體，沒人有力氣埋葬。人們典當衣服換取食物，近乎赤裸的乞丐成群結隊。房屋遭棄，村莊荒蕪，疫病隨著饑荒而來，傷寒、霍亂和紫斑在衰弱的人群中肆虐。人吃草、吃家畜、吃人肉。有目擊者寫道：「路旁堆滿散亂的骸骨，上帝救救這些人吧！」

愛爾蘭這場災難的起因複雜而多樣，牽涉諸如土地分配、英國人野蠻的經濟剝削、救援工作中冷血無情及不幸事件交替出現，再加上氣候無常、地理、文化習慣等等。然而整起龐大的意外災難，追根究柢卻涉及某種植物，或者說得更精準，涉及某種植物跟一個民族的關係。因為，與其說是馬鈴薯本身，不如說是單作栽培馬鈴薯，種下了愛爾蘭災難的種子。

確實，當時的愛爾蘭肯定是有史以來規模最大的單作栽培實驗，也提出最強力的證據，證實這種農法有多不智。愛爾蘭人的農業及膳食最後不僅單單仰賴馬鈴薯，還幾乎完全仰賴單一一種「蘭普」馬鈴薯。他們種的馬鈴薯就像蘋果，是無性繁殖，意味所有蘭普的基因都完全相同，都是同一株馬鈴薯植物的後代，且恰巧無法抵抗晚疫黴。印加人也靠馬鈴薯建立文明，但他們耕作的馬鈴薯如此多樣，以致沒有單一真菌能夠顛覆印加文明。事實上，當馬鈴薯育種專家在饑荒的餘波中出發尋找能抵抗晚疫黴的馬鈴薯品種時，去的正是南美洲，在稱作智利深紅（Garnet Chile）的馬鈴薯上找到了。

大自然邏輯與經濟學邏輯的衝突之處，正是單作栽培；哪種邏輯最後能占上風，毋庸置疑。在英國人統治下，經濟學邏輯下令叫愛爾蘭單作栽培馬鈴薯，到一八四五年，大自然的邏輯投下反對票，一百萬人隨之逝去（若沒有馬鈴薯，其中有許多人很可能不會出生）。

班傑明・迪斯雷利（Benjamin Disraeli）在一八四七年所著小說《坦可里德》（Tancred）中寫道：「至於他們對自然界的控制，我們就等著瞧上帝第二次降下大洪水時，會怎麼發揮功效吧。竟敢號令自然！人們食物中最卑微的塊莖，為什麼會在整個歐洲神祕地枯萎？可能的後果已經令人們臉色發白。」

◆ ◆ ◆ ◆ ◆

一九九八年三月，美國農業部及販售棉花籽的Delta & Pine Land公司共同取得編號五七二三七六五的專利權，這項專利是個新奇的方法，用來「控制植物基因的表現型」。描述本專利的文句枯燥乏味，掩蓋住激進的遺傳新科技：無論引入哪種植物，這個基因都會導致植物產出的種子失去繁殖力，不再能完成種子的一貫任務。這種新科技很快就以「終結者」之名而聲名大躁，挾此科技，基因工程學家已找到方法號令大自然暫停最基本的進程，即植物生種子、種子長成植物，從而讓植物繁殖與演化的此一循環。種子過去有種古老邏輯，會自由地無限複製自己，既充當食物，又作為未來產出更多食物的手段，但此邏輯如今已讓位給現代資本主義的邏輯。今日，有繁殖力的種子不再產自植物，而是來自各公司。

控制種子，再透過種子控制農人，這個夢想比基因工程還要古早，至少可以追溯到幾個現代雜交品種，那些高產量的品種無法從採收的種子中「長出」，農民被迫每年春天都買新種子。只是，相形於整個經濟體的其他產業，農業大致上一直抗拒集中化及企業宰制的潮流。迄今大部分美國產業中，即便每個業種都只剩若干大公司，農場卻還有大約兩百萬座。持續阻擋農業集中化的力量便是大自然：她的複雜、多變，以及在人類最英勇的控制心血面前展現的頑強難馴。或許，最棘手便是農業的生產手段，這當然是屬於自然本身的東西——種子。

直到近幾十年，隨著現代的雜交品種出現，農人才開始向大公司購買種子。即使是今日，仍有大量農人會在每年秋天保留一些種子，以供來年春天播種。這種被戲稱為「自備午餐」的做法，讓農民得以選擇特別適合當地條件的種子品系。[6]這些種子通常會在農民之間互通有無，因而穩定地讓遺傳藝術大展身手。數百年來，「自備午餐」的做法確實造就了我們大部分的主要糧食作物。

種子可以無限繁殖，本質上就不適合商品化，正因如此，大部分主要農作物的遺傳性質一向被視為公共資產，而不是什麼「智慧財產」。以馬鈴薯為例，最重要的品種如褐皮伯班克、大西洋超級（Atlantic Superiors）、肯尼貝克（Kennebec）和紅色諾林（Red Norling）的遺傳性質一向隸屬公共領域。在孟山都公司插手之前，馬鈴薯種子產業中向來沒有全國性大公司。原因

6 全世界據估計有十四億人口的糧食仰仗保留種子種出的作物。——作者註

只在這個行業賺不了什麼錢。

基因工程改變了這一點。只需把一兩種基因加入褐皮伯班克或大西洋超級馬鈴薯中，孟山都公司可以註冊專利。在法律上，持有某植物的權利幾年是可行的，但在生物學上，幾乎不可能主張那些專利權。為解決此問題，基因工程已有很大成就，讓孟山都公司有辦法測試長在田裡的馬鈴薯，證明這些作物隸屬該公司的智慧財產。農民購買孟山都公司種子時必須簽下合約，准許該公司隨意測試，即便在多年以後亦然。為了逮住侵犯專利權的農民，據說孟山都公司還會雇用線民、聘用私家偵探來追蹤「基因小偷」。孟山都還控告數千位農民侵犯專利。隨著諸如「終結者」等科技出現，孟山都公司未來就省下那些工夫了。[7]

使用了「終結者」，賣種子的公司就可以利用生物手段，無限制地主張自己的專利權。一旦這類基因大舉導入自然界，對農作物遺傳性質的掌控，以及作物的演化軌跡，將會導致主控權完全由農田轉移到種子公司，意味此後農民別無選擇，只能年復一年購買種子。終結者基因讓孟山都之流的大公司得以掌控大自然最後的公共財之一，那就是人類文明經歷一萬年研發出的農作物遺傳學。

午餐時分，我曾詢問史蒂夫．楊恩對此事作何感想，尤其是孟山都公司強迫他簽下合約，以及未來種子會失去繁殖力。這位農夫照推想應該繼承了農人長久以來的獨立精神，我很好奇他想到有人可以到農場來探頭探腦，而且種子有專利，他不能再用來播種時，該如何調適。

楊恩告訴我，他已經跟企業型農業和解了，尤其是生物科技。「就此打住吧。假如我們想餵飽全世界，那是有必要的，而且能讓我們進步。」

我問他是否看到生物科技的任何弊端。孟山都公司的陪同人員也跟我們同桌，楊恩花了點時間才回答。當時氣氛愈來愈令人不舒服。他最後講出來的話讓全桌陷入沉默，也叫我重新思考他一貫展現出來掌控一切的形象，關於他那電腦控制的農場、化學品經銷權，以及他家客廳落地窗框所框出綿延數公里、一直延伸到地平線的高科技馬鈴薯田。

楊恩陰鬱地說：「噢，總之得付出代價。它讓美利堅這個公司在我脖子上再加道繩圈。」

◆　◆　◆　◆　◆

八月。我從愛達荷州返家幾個星期後，把自己的新葉馬鈴薯挖了出來，採收了一堆看來很漂亮的馬鈴薯，其中幾個塊頭真大。新葉馬鈴薯的表現很傑出，但我其他的馬鈴薯也都如此。甲蟲問題並未失控，可能是我園子裡物種本就歧異多樣，吸引夠多的益蟲來吃掉害蟲。誰曉得呢？我用作代罪羔羊的粘果酸漿樹可能也發揮了功效。事實上，若要真正測試新葉馬鈴薯，代表我得進行單作栽培。

7　我說「諸如終結者等科技」，是因為在國際間猛烈的批評後，孟山都公司聲明放棄這項技術。但它並未放棄一組可以達成同樣目標的相關技術——遺傳利用限制技術（GURT, Genetic Use Restriction Technologies），可藉由在田間對基改植物施用某些專利化學物質，來啟動或關閉基因特徵。因此，即使該植物能夠產出有繁殖力的種子，但這些種子會長出沒有價值的植株——這些植株的抗病性或抗除草劑能力會被關閉，除非農民購買特定的啟動化學劑。——作者註採收作物之後，食用新葉馬鈴薯的問題就值得商榷了。我對這些馬鈴薯安全與否的看法其實不太重要，不只因為我已經嚐過楊恩太太的新葉馬鈴薯沙拉，還因為孟山都公司及我國政府從很久以前就把要不要吃基因科技改造馬鈴薯的決定權，由我手中奪走了。我很可能早就吃過很多新葉馬鈴薯，不管是麥當勞薯條或樂事洋芋片，但沒有標籤註明，也無法確定。

所以，假如我可能已經吃過新葉馬鈴薯，那麼為什麼現在我會一再拖延，還不真正著手食用這些新葉？有可能只因為現在是八月，周遭有這麼多新鮮有趣的馬鈴薯——拇指馬鈴薯肉質細密、味道甘美，育空黃金（麥克・希斯送我的，還有我自己種的）看起來、吃起來都像抹了層奶油。想到要煮食孟山都公司植入了基因的那種無味商業品種，似乎真的很離譜。

還有下列這一點：我打電話給華盛頓某些批准新葉馬鈴薯上市的政府機構，他們的回答無法給我信心。食品藥物管理局告訴我，他們的做法是假定基因改造作物「實質等同於」一般作物，一九九二年起就規定這些食品為自願送審。唯有當孟山都公司覺得有安全疑慮，才需要跟政府諮詢有關新葉馬鈴薯的意見。我一直以為食品藥物管理局曾測試此一新種馬鈴薯，可能拿一把餵給老鼠吃之類的，但事實證明並非如此。事實上，食品藥物管理局甚至沒正式把新葉馬鈴薯視為食物。這是怎麼回事？似乎是因為新葉含有蘇力菌，至少在聯邦政府眼中，它不是食物而是殺蟲劑，所以該歸環境保護署管轄。我有點覺得自己有如誤入官僚仙境的愛麗絲。我再去電環保署詢問新葉馬鈴薯的事，依環保署所見，蘇力菌向來是安全的殺蟲劑，而馬鈴薯一向是安全食物，所以兩樣加起來，你所得到的東西，就吃起來或用來殺蟲子而言，都是安全的。把生物視為機械組件拼裝的「機器比喻」顯然也在華府大行其道：安全的基因加上安全的馬鈴薯，新葉馬鈴薯就只這兩種零件的總合。

我還去電華盛頓特區「憂思科學家聯盟」的瑪格麗特．美隆（Margaret Mellon），詢問她對新葉馬鈴薯有什麼意見。美隆身兼分子生物學家及律師，帶頭批評基因科技不遺餘力。她無法提出扎實證據指稱新葉馬鈴薯吃來不安全，但她也指出，所謂「實質等同」的觀念也缺乏科學證據支持。[8]她說：「就只是還沒做過研究而已。」

美隆提起基因不穩定的概念，這種理論強力主張基因科技植物不僅是新基因加舊基因。她還談到事實上我們對蘇力菌進入人類飲食的影響一無所知，蘇力菌以往未曾涉足人類飲食的領域。我進一步追問，有沒有理由不吃這些馬鈴薯？

她說：「那我問你，你為什麼要吃？」

這個問題很好。所以過了幾星期，直到那年夏末，我的新葉馬鈴薯仍放在購物袋裡，擱在門廊邊。我曾在度假時帶著那個袋子，以為屆時我會試吃看看，但直到回家……這麼說好了，我只拿出一條，其他都沒動過。有位魚販告訴我家事教母瑪莎．史都華傳授的烤魚不黏網小祕訣：拿個生馬鈴薯剖半，用來擦擦鐵架。順帶一提，這一招很管用。

只是我仍讓那袋新葉馬鈴薯躺在門廊，一直放到勞動節（九月第一個星期一）我受邀參加鎮上晚間河灘聚餐，一家準備一道菜。太棒了！我簽名參加，說要弄馬鈴薯沙拉。到了聚餐那一天，我把整袋新葉馬鈴薯提進廚房，在爐上燒了鍋水。但水快要沸騰時，有個念頭如

8 事實上，有一份內部文件因為消費者對食品藥物管理局提告而曝光，文件內容顯示，局內有幾位科學家也拒絕承認「實質等同」的概念。——作者註

電光火石穿過我腦中：晚餐時我該不該跟大家講他們吃下什麼？我沒有理由認定這些馬鈴薯吃起來有害，但既然不知不覺吃下基因改造作物這件事讓我猶豫再三，我就無法心安理得讓鄰居吃。（這種菜實在太超乎他們意料了。）如此一來，我當然得告訴他們關於新葉馬鈴薯的一切，然後我無疑就得把一大盆馬鈴薯沙拉原封不動帶回家。畢竟聚餐中一定有別的馬鈴薯沙拉，而且只要有得選，誰願意挑基因改造馬鈴薯做的沙拉？我突然明白孟山都為什麼不願給自己的基因改造食品貼上標籤了。

所以我關掉爐火，走到園子裡挖出一堆普通馬鈴薯。新葉馬鈴薯又放回我家門廊那堆無處可去的雜物之中了。

尾聲

我已經好幾週沒去園子裡了，一如夏末常例，那裡呈現植物猖狂生長、果子成熟的無政府狀態，一切都預示著苗床、棚架及小徑的格局即將毀滅。敏豆已完全爬到向日葵頭上去了，而向日葵則因膨脹的青黃色果實重量耷拉著頭。南瓜藤爬滿了半張現已難以修剪的草坪，大如披薩的南瓜葉投下一片片深色的陰影，萵苣躲在底下看起來非常高興。不幸的是，蛞蝓也很愉快，牠們就在南瓜的葉蔭中大嚼我的甜菜。最後一次採收的馬鈴薯，藤蔓攤覆在原本生長的土丘上，已經毫無元氣了。

園子已變成這般模樣，五月以來短短幾週內就綠意喧囂到如此程度，五月時我深思熟慮地種下幼苗排列出造景圖案，現在圖案已經認不出來了。當初新翻的整齊田壟意味著我操掌此地的一切，我是園內總司令，但顯然事態已非那般。隨著植物幸福洋溢地奔向自己身為植物的歸宿，我的秩序已遭推翻。它們是以一年生植物的急切熱望在繁茂生長，追尋太陽，由鄰居攘奪土地，一有機會就排擠或利用彼此，讓攜帶自己基因奔赴未來的種子成熟，充分利用逐漸縮短的白晝，直到霜降。

每個季節裡，我都會有段時間想把農園照顧成彷彿有點秩序的模樣，拔拔草，把南瓜藤歸位，好讓甜菜還能呼吸，把敏豆豆藤解開，免得它旁邊較脆弱的植物窒息而死。但是到了八月底我通常就放棄了，讓園子自行其是，我只要試著跟上腳步別被夏末豐收壓垮即可。就此觀之，園子裡發生的事已不再是我的作為所導致，儘管到最後我仍得把整個園子恢復五月時的形貌。我愛春季時能牢固掌握園子，讓它有知識分子的秩序，但八月撒手不管時園裡那種爛熟而近乎感官的愉悅，我也同樣喜愛。

但我這次是來找東西的，最後也找到了：一壟肯尼貝克馬鈴薯，它們的葉藤已攤在地上死掉了。馬鈴薯有個優點，是能留在土裡過冬，只在有需要時才挖。在歷史上，這個特質對於面對軍隊劫掠而不得不忍氣吞聲的小農夫而言真是天賜福音，因為馬鈴薯留在地裡，不容易被搶走。

我想，再沒別的作物收成，要比收穫馬鈴薯更愜意的了。自春季以來，頭一次拿鐵鍬挖開黑土的表殼，斜紋棉布色的馬鈴薯莖塊重重地翻出來壓在新掘泥土上，我愛死那個瞬間了。第一批較容易挖的馬鈴薯收攏後，你該把鐵鍬放到一旁（否則很容易會刮傷其他馬鈴薯）。你得用手去找其餘的，用力把手指插進肥料豐富的沃土，在黑土中摸索馬鈴薯，你不會弄錯形狀、身分不待眼睛證實用手就能確定，原因是馬鈴薯摸起來比石塊更冷更重，而且不知為何，握在手裡就是比較快樂。

馬鈴薯倒不是每一顆模樣都符合典型。從沒有兩顆馬鈴薯長得很相像，大部分都是奇形怪狀、絕不對稱。若論決定形狀的因素，基因下的指令與根莖旁邊是石是土等偶發事件，影響效力相同。或許正因如此，我們喜歡把來自九泉之下的馬鈴薯弄成陽光燦爛又阿波羅式的形狀，把它們切成半透明的薄片，以及有著幾何圖形外觀的薯條。只是，相形於馬鈴薯成長其中的混沌黑暗，馬鈴薯握在手裡，感覺之燦爛鮮明，就像形式終於具象化成實體。

遲早你的手指總會摸到無意中遭鐵鍬俐落斬斷的濕冷馬鈴薯，潮濕的薯肉閃幻著白光，散發出最不屬塵世的人間芳香。這股芳香嗅聞起來像春天新翻的沃土，但總是比新翻土壤要提煉掉雜質，或是已經改良，彷彿蠻荒原始的光景已遭精煉，裝瓶成「土地的蘋果」香水。[1]你可以從中聞到寒冷非人的泥土，卻也能聞到廚房舒適的溫暖，因為至少在現今，馬鈴薯的香味對我們而言本身就是舒服之味，像馬鈴薯的白嫩薯肉一樣純淨而可親，那種潔白溫潤輕易就能挑起回憶與情緒，和讓人垂涎三尺同樣容易。聞著生馬鈴薯，你就如同站在馴化及野性交會的獨特門檻。

我在籃子裡裝滿馬鈴薯之後，總會站著端詳園子目前的狀態，體會一下它由五月時田壟筆直、受我擺布的模樣變身如今眼前這片壯麗懾人的景象。每當我聽到或讀到「園子」一詞，心裡浮現的意象總比眼前景貌更不野性，原因可能是大家通常使用「園子」來當「荒野」的反義詞。只是，園丁見多識廣，知道不那麼簡單。他知道自己園子的籬笆、小徑及精心規劃的景觀設計以一種不穩定又脆弱的方式承載的事物，就算在字面意義上不屬於荒野，也必然是偉大豐饒的野性光輝——動植物和微生物各自過著多姿多彩的生活，以出人意表的多樣化答案，去回應基因深層的脈動和環境廣大的壓力。萬事萬物環環相扣。

所以，我們這些園丁兼打算在野性中大展身手的強尼蘋果籽後人，往後該如何是好？在八月天的這個下午，我站在園子歡快收成後的狼藉之中，提著一籃沉甸甸的馬鈴薯，我想到

1 在法文中，馬鈴薯的名稱pomme de terre字面意義即為土地的蘋果。——編註

穿咖啡麻布袋衣裳的查普曼、狂熱的鬱金香粉絲、阿姆斯特丹的大麻農，還有孟山都公司穿著實驗室白袍的科學家，思索他們有什麼共同點。他們都涉險進入達爾文那座「持續擴張的人擇園地」，目的在把強烈的人類驅力與植物同等強烈的驅力媒合起來——這些人都是欲望植物園的從業人員。就事情的本質而言，這使得他們像查普曼、像馬鈴薯，是邊緣人物，來回於野蠻與文明、遠古賦予及新近創造、戴歐尼索斯及阿波羅等諸般領域。他們都加入那兩名主事神祇間永無結論的偉大對話，貢獻自己戔戔心力，為戴歐尼索斯的精力與阿波羅的秩序增益唱和，由是產生夜后鬱金香的美、紅龍蘋果的甘甜、雜交大麻在人腦當中產生的知覺。

所有園丁（事實上，是全人類）都在那兩極之間某處，圈定出自己的土地。其中有些人，比如強尼蘋果籽，傾向戴歐尼索斯野性那一邊（他會喜歡我的園子現在的景貌），而另一些人，像孟山都公司的科學家，則趨向阿波羅式控制的滿足感（穿實驗室白袍的人可能比較喜歡農作季初期的園子，那時所有地獄般的情況都還未脫枷而出）。還有另一些人較難在此光譜中定位，比如說，用水耕設備種大麻的農人，把阿波羅式的構思貢獻於追求戴歐尼索斯式的愉悅，要定位在哪兒才對？人不必選邊站，真是好事。

除了想像中自認是蜜蜂的約翰・查普曼是例外，其他欲望植物學家是從直線型及（就我看來）目光偏狹的人類中心式觀點著手工作。他們認定馴化理所當然是人類施加於植物之舉，反之則不然。當初奧古斯都鬱金香全球僅有十二朵，擁有其中十一朵（或者僅有十三朵，他有十二朵）的所有人荷蘭公民亞德里安・鮑爾博士可能從來不會認為就某種層面看來，是鬱金香占有了他——即使他把一生的黃金歲月貢獻在增進該鬱金香的數目及福祉。只是，他無意中幫忙點燃的鬱金香狂熱，對鬱金香屬植物的恩惠真是大到難以評估，幾乎可以說它們才是最後的贏家，至少自從當年荷蘭公民為了它而犧牲財富後，它們的機運便步步高升了。

無論是否知情，這些角色都是共生演化大戲的主角，是人類欲望與植物欲望的共舞，少了任一方都會改變。好吧，將植物為了操控人類而自我重塑的驅動力稱為「欲望」，或許措辭太過強烈，但話說回來，人類自己的設計通常也不比植物的要更富深意。每次我們索求最對稱美麗的花朵或最長的炸薯條，我們也不自覺地投下演化的選票。最甜、最美或最叫人迷醉的諸般性質能存留下來，其篩選進行方式依循辯證過程，是人類欲望及天地中所有可能生存的植物，兩者之間的施與受，缺一不可，但不須意識。

我經常回想起約翰．查普曼邊打盹邊順流而下俄亥俄河的意象，旁邊載著堆積如山的蘋果籽，在那些種子之間沉睡著蘋果在美國的前程，黃金時代即將來到。查普曼那個赤腳怪胎曉得介於人類與植物之間的重要事情，但在往後的兩個世紀，我等卻似乎對那要事視而無睹。我想，查普曼了解，在自然歷史之河中人類與植物的命運是交織孿生的。對於他把嫁接視為「惡行」，雖然我個人並不認為此觀點正確無誤，但他的判斷也表明他本能感覺到野性有其必要、多元種植的價值勝過單作栽培。雖然查普曼對我的看法可能不表贊同，但基因工程可能不比嫁接邪惡，即使基因工程也同樣反對野性及多元，也即使它的手法兇殘得多。基因工程也是在下賭注——而且賭注不小，押寶在阿波羅式的「單一」那邊，反對戴歐尼索斯式的「眾多」。

新葉馬鈴薯標示出演化的轉折，可能會也可能不會把我們帶到心之所欲的目的地。話雖這麼說，但假設它帶我們去的不是想要的地方，我們最好明智地遵循查普曼的典範，保留所有型態的植物基因並播下種子，不管它是野性的、未能申請專利的、甚至顯然是無用的、醜得有正字標記的，還有純然奇奇怪怪的。明年我打算在今年種新葉的地方，種上許多種「老葉」的馬鈴薯。在田野上，我寧可押查普曼的注，而不押在單一完美的馬鈴薯。減少生命本質的千姿百態（嫁接農夫、單作栽培農人及基因工程師所做的事就是如此），就等於減損演化的可能性，換言之，開展在我等面前的未來便告縮小。動物學家E．O．威爾遜談到生態多樣性時寫道：「當今生命的大集合是耗費十億年光陰演化出來的。它化解掉狂風巨浪，將其收入基因當中，而創造出造就我等的世界來。」多元性質受到危及，就等同於承受世界解體的風險。

查普曼的字典裡沒有「生態多樣性」，不過若要描述那個夏日午後他隨身攜帶的驚人蘋果基因檔案庫，那個詞彙並不差。即便以當代的標準，他對於人類在自然中地位的觀點仍屬離經叛道，但我深信，有某種很有用的真理，就算不存在他的話語中，也一定存在他的行為裡。我特別想到那天他拼湊打造小船的方式，讓兩條原木船身併肩，以便讓蘋果籽的重量能平衡掉人的體重，彼此協助，讓船在河上能保持平穩。就造船學而言，查普曼的船可能是可笑的範例，但就比喻而言，肯定行得通。查普曼的船、此人的典範，都邀請我們以極其不同的方式，去想像「人與自然」的故事，那種觀點會縮短兩者間的距離，讓我們能再次重新看見人與自然的真實樣貌——即使歷經萬難仍舊如一，我們與自然本就同舟共濟。

謝詞

在創作這本書的所有階段中，我都獲得了很多幫助。首要的感謝對象，就是在我研究這個寫作計畫和進行報導的過程中慷慨地花時間和提供知識給我的人們。他們的名字列舉在「資料來源」當中。

從我十多年前開始寫書以來，我就有幸和Ann Godoff合作，而且從這些合作機會中得到許多樂趣。事實上，如今我已無法想像在沒有她的智慧、信任與友誼支持下寫書。我的文學經紀人Amanda Urban也是自始至終陪伴我的人。她比任何人都早知道《欲望植物園》是我應該寫的書，從頭到尾，她對各種事務的判斷都至關重要。

Mark Edmundson也參與了我的三本書，但並無其他理由，純粹是出於友誼。他以極大的細心與智慧閱讀文稿，部分內容甚至讀了不只一次，他所修改的每一頁都變得更好了。此外，他一路上提供的同理心與寶貴的閱讀建議，也同樣重要。

我也非常幸運，能夠獲得Paul Tough敏銳的編輯眼光，他從學生成長為老師，提出了無價的建議。我還要特別感謝來自「憂思科學家聯盟」（Union of Concerned Scientists）的瑪格麗特·美隆，她慷慨地運用科學專業來審視文稿，幫助我避免各種錯誤。但若本書仍然存在錯誤，全都是我自己的責任。

我對於大麻種植和基因改造馬鈴薯世界的初步探索，得到了《紐約時報雜誌》的支持，由衷感謝Gerry Marzorati、Adam Moss和Jack Rosenthal，他們始終如一地支持與鼓勵我，此外也感謝Stephen Mihm出色的研究協助。Carol Schneider、Robbin Schiff、Benjamin Dreyer、Alexa Cassanos和Kate Niedzwiecki都是不可或缺的夥伴，正如Jack Hitt、Mark Danner和Allan Gurganus一直以來對我的支持。也特別感謝艾撒克，感謝他鼓勵我，以及在我低潮時對我的理解與安慰。

最後，我要將最深的感謝獻給茱迪絲，她其實應該排在最前面。沒有她敏銳的眼光、細膩的聆聽、智慧、支持、耐心、鼓勵、洞察力、遠見、自信、陪伴、判斷、清晰的思維、幽默感，以及最重要的愛，這一切都不可能完成。

康沃爾橋，康乃狄克州
二〇〇〇年十月

Tilman, David. "The Greening of the Green Revolution," *Nature*, November 19, 1998, pp. 211–12.

Van der Ploeg, Jan Douwe. "Potatoes and Knowledge," in *An Anthropological Critique of Development,* ed. by Mark Hobart (London: Routledge, 1993).

Viola, Herman J., and Carolyn Margolis, eds. *Seeds of Change: Five Hundred Years Since Columbus* (Washington, D.C.: Smithsonian Instutition Press, 1991). 特別建議閱讀Alfred Crosby、William F. McNeill與Sidney W. Mintz所寫的那篇文章。

Weatherford, Jack. *Indian Givers: How the Indians of the Americas Transformed the World* (New York: Crown Publishers, 1988).

Wilson, E. O. *The Diversity of Life,* op. cit.

Zuckerman, Larry. *The Potato: How the Humble Spud Rescued the Western World* (Boston: Faber & Faber, 1998).

1992).

Hobhouse, Henry. *Seeds of Changes: Five Plants That Changed Mankind* (London: Harper & Row, 1986).

Holden, John, et al. *Genes, Crops, and the Environment* (Cambridge, England: Cambridge University Press, 1993).

Howard, Sir Albert. *An Agricultural Testament* (London: Oxford University Press, 1940).

Lewontin, Richard. *Biology as Ideology: The Doctrine of DNA* (New York: Harper Perennial, 1991). 本書對基因決定論抱持懷疑態度，是我們這時代的正統看法。

— —. *The Triple Helix: Gene, Organism, and Environment* (Cambridge, Mass.: Harvard University Press, 2000).

Salaman, Redcliffe. *The History and Social Influence of the Potato* (Cambridge, England: Cambridge University Press, 1985; first published 1949). 你想知道的知識這本應有盡有，甚至超出預期。

Scott, James C. *Seeing Like a State: How Certain Schemes to Improve the Human Condition Have Failed* (New Haven, Conn.: Yale University Press, 1998). Scott把單作栽培放在現代主義的脈絡中討論，這本引人入勝的跨領域研究探討了政府、建築和農業，對於理解單作栽培而言不可或缺。

Shiva, Vandana. *Biopiracy: The Plunder of Nature and Knowledge* (Boston: South End Press, 1997).

— —. *Stolen Harvest: The Hijacking of the Global Food Supply* (Boston: South End Press, 2000).

Assessment）的Andrew Kimbrell、環境保護基金會（Environmental Defense Fund）的Rebecca Goldberg、Mothers & Others組織的Betsy Lydon、RAFI的Hope Shand和她的同儕，以及Steve Talbott 討論科技與社會議題的出色網站www.netfuture.org。抽空與我交談並帶我參觀的農民，也給了我寶貴的一課，這些人包括麥克．黑斯、Nathan Jones、Woody Deryckx、丹尼．佛西斯、史蒂夫．楊，以及Fred Kirschenmann。

在馬鈴薯的植物學與社會史、以及一般農業知識方面，以下這些書籍對我特別有幫助：

Anderson, Edgar. *Plants, Man and Life,* op. cit.

Berry, Wendell. *The Gift of Good Land* (San Francisco: North Point Press, 1981). 關於農業與萬物的關聯，本書仍然是最睿智的經典。

——. *Life Is a Miracle: An Essay Against Modern Superstition* (Washington, D.C.: Counterpoint, 2000).

——. *The Unsettling of America: Culture & Agriculture* (San Francisco: Sierra Club Books, 1977).

Diamond, Jared. *Guns, Germs, and Steel,* op. cit.

Fowler, Cary, and Pat Mooney. *Shattering: Food, Politics, and the Loss of Genetic Diversity* (Tucson: University of Arizona Press, 1996).

Gallagher, Catherine, and Stephen Greenblatt. *Practicing New Historicism* (Chicago: University of Chicago Press, 2000). See especially Chapter 4, "The Potato in the Materialist Imagination," written by Gallagher.

Harland, Jack R. *Crops and Man* (Madison, Wis.: American Society of Agronomy, pp. 58–63, 80–82.

Siegel, Ronald K. *Intoxication: Life in Pursuit of Artificial Paradise* (New York: Dutton, 1989).

Szasz, Thomas. *Ceremonial Chemistry: The Ritual Persecution of Drugs, Addicts, and Pushers* (London: Routledge, 1975).

Wasson, E. Gordon, et al. *Persephone's Quest: Entheogens and the Origins of Religion* (New Haven: Yale University Press, 1986). 在這個仍充滿許多推測的研究領域中，這本書是理性而嚴謹的著作。

Weil, Andrew. *The Natural Mind: An Investigation of Drugs and the Higher Consciousness* (New York: Houghton Mifflin, 1986; first published 1972). A quarter century after it first appeared, this remains one of the sanest books on drugs.從這本書初次出版迄今已過了四分之一個世紀，但本書仍是藥物主題的書籍中非常明智的一本。

Zimmer, Lynn, and John P. Morgan. *Marijuana Myths, Marijuana Facts: A Review of the Scientific Evidence* (New York: The Lindesmith Center, 1997).

第四章　馬鈴薯

本章可以追溯至我為《The New York Times Magazine》寫的一篇談孟山都公司與基因改造食物的文章。("Playing God in the Garden," October 25, 1998, pp. 44–50, 51, 62–63, 82, 92–93) 在我為那篇文章做研究的期間，孟山都公司的態度開放與慷慨得驚人，讓我得以接觸他們的科學家、主管、實驗室、客戶，以及馬鈴薯種薯。除了孟山都公司以外，我對基因工程在科學與政治因素的認識，也深受以下人士與機構啟發：憂思科學家聯盟的瑪格麗特·美隆、科技評估中心（Center for Technology

Institute of Medicine. *Marijuana and Medicine: Assessing the Science Base* (Washington, D.C.: National Academy Press, 1999). Clear, accessible explanation of how cannabinoids work in the brain.

Lenson, David. *On Drugs* (Minneapolis: University of Minnesota Press, 1995). 本書雖然知名度不高，但是在以用藥經驗為主題的書中，本書見解極為深刻，也頗具原創見地。我在書中引用關於浪漫時期作家想像力的引文，取自藍森1999年4月29日在維吉尼亞大學發表的演說〈The High Imagination〉。

McKenna, Terence. *Food of the Gods: The Search for the Original Tree of Knowledge* (New York: Bantam Books, 1992).

Merlin, Mark David. *Man and Marijuana: Some Aspects of Their Ancient Relationship* (Rutherford, N.J.: Fairleigh Dickinson University Press, 1972).

Musty, Richard E., et al., ed. "International Symposium on Cannabis and the Cannabinoids," *Life Sciences,* vol. 56, nos. 23–24, 1995. See also the ICRS website: www.cannabinoidsociety.org.

Nietzsche, Friedrich. "On the Uses and Disadvantages of History for Life," in *Untimely Meditation,* ed. by Daniel Breazeale (Cambridge, England: Cambridge University Press, 1997).

Pinker, Steven. *How the Mind Works,* op. cit.

Plant, Sadie. *Writing on Drugs* (New York: Farrar, Straus and Giroux, 2000).

Schivelbusch, Wolfgang. *Tastes of Paradise: A Social History of Spices, Stimulants, and Intoxicants,* trans. by David Jacobson (New York: Vintage Books, 1992).

Schultes, Richard E. "Man and Marijuana," *Natural History*, vol. 82, no. 7, 1973,

策訴訟計畫的Graham Boyd、國際大麻研究協會的Rick Musty和他的同儕、Lindesmith Center的Ethan Nadelman和其同儕、聖路易斯大學醫學院的艾琳·豪利特，以及耶路撒冷希伯來大學的拉斐爾·梅喬勒姆。

以下書籍與文章對本章提供了特別重要的啟發：

Baum, Dan. *Smoke and Mirrors: The War on Drugs and the Politics of Failure* (Boston: Little, Brown, 1996).

Clarke, Robert Connell. *Hashish!* (Los Angeles: Red Eye Press, 1998).

——. *Marijuana Botany* (Berkeley, Calif.: Ronin Publishing, 1981).

De Quincey, Thomas. *Confessions of an English Opium-Eater* (New York: Dover, 1995; first published 1822).

Escohotado, Antonio. *A Brief History of Drugs,* trans. by Kenneth A. Symington (Rochester, Vt.: Park Street Press, 1999).

Fisher, Philip. *Wonder, the Rainbow and the Aesthetics of Rare Experience* (Cambridge, Mass.: Harvard University Press, 1998).

Ginsberg, Allen. "The Great Marijuana Hoax: First Manifesto to End the Bringdown," in *The Atlantic Monthly,* November 1966, pp. 104, 107–12.

Grinspoon, Lester, M.D. *Marihuana Reconsidered* (Oakland, Calif.: Quick American Archives, 1999; first published 1971). 卡爾·沙根以X先生的名義匿名發表的大麻「靈遊紀錄」就是在這本書中首次刊登，頁碼109頁。你也能在葛林史彭的網站上讀到這篇文章和前述艾倫·金斯堡的文章。網站：www.marijuana-uses.com。

Huxley, Aldous. *The Doors of Perception and Heaven and Hell* (New York: Perennial Library, 1990; first published 1953).

美妙又資料詳實可靠的《The Tulip: The Story of a Flower That Has Made Men Mad》。其他有幫助的書包括：

Baker, Christopher, and Willem Lemmers, Emma Sweeney, and Michael Pollan. *Tulipa: A Photographer's Botanical* (New York: Artisan, 1999).

Chancellor, Edward. *Devil Take the Hindmost: A History of Financial Speculation* (New York: Farrar, Straus and Giroux, 1999). Chancellor is especially good tracing the parallels between market manias and carnivals.

Dash, Mike. *Tulipomania: The Story of the World's Most Coveted Flower and the Extraordinary Passions It Aroused* (New York: Crown, 1999).

Dumas, Alexandre. *The Black Tulip* (New York: A. L. Burt Company, n.d.; first published 1850).

Herbert, Zbigniew. "The Bitter Smell of Tulips," in *Still Life with a Bridge: Essays and Apocryphas* (London: Jonathan Cape, 1993).

Schama, Simon: *The Embarrassment of Riches: An Interpretation of Dutch Culture in the Golden Age* (New York: Vintage Books, 1997).

第三章　大麻

我訪談了一群對大麻的科學、文化與政治所知甚深的人士，也和他們通信往來、花時間相處，本章深受啟發與助益。這些人包括：「全國大麻法改革組織」(NORML)的Allen St. Pierre、《High Times》雜誌的Peter Gorman與Kyle Kushman、麻州大學的大衛．藍森、阿姆斯特丹的大麻育種家與農夫Bryan R.、在加州聖塔克魯茲種植並免費提供藥用大麻的Valerie and Mike Corral、哈佛醫學院的萊斯特．葛林史彭、紐約市立大學醫學院的藥理學家約翰．摩根、美國公民自由聯盟（ACLU）毒品政

Williams, C. K., trans. *The Bacchae of Euripides* (New York: Farrar, Straus and Giroux, 1990).

第二章 鬱金香

關於一般花卉知識，我參考了以下書籍：

Goody, Jack. *The Culture of Flowers* (Cambridge, England: Cambridge University Press, 1993).

Huxley, Anthony. *Plant and Planet* (London: Penguin Books, 1987).

Proctor, Michael, et al. *The Natural History of Pollination* (Portland, Ore.: Timber Press, 1996).

關於美的生物學與哲學：

Etcoff, Nancy. *Survival of the Prettiest* (New York: Doubleday, 1999). Nietzsche, Friedrich. *The Birth of Tragedy,* op. cit.

Paglia, Camille. *Sexual Personae,* op. cit.

Pinker, Steven. *How the Mind Works* (New York: W. W. Norton, 1997). Ridley, Matt. *The Red Queen,* op. cit.

Scarry, Elaine. *On Beauty and Being Just* (Princeton: Princeton University Press, 1999).

Turner, Frederick. *Beauty: The Value of Values* (Charlottesville: University Press of Virginia, 1991).

——. *Rebirth of Value: Meditations on Beauty, Ecology, Religion, and Education* (Albany: State University of New York Press, 1991).

關於鬱金香和荷蘭的鬱金香狂熱，我主要的資料來源是安娜・帕佛德那本既

Terry, Dickson. "The Stark Story: Stark Nurseries 150th Anniversary," special issue of the *Bulletin of the Missouri Historical Society,* September 1966.

Thoreau, Henry David. "Wild Apples," in *The Natural History Essays,* introduction and notes by Robert Sattelmeyer (Salt Lake City: Peregrine Smith Books, 1980).

Weber, Bruce. *The Apple in America: The Apple in 19th Century American Art* (New York: Berry-Hill Galleries, 1993). An exhibition catalog.

Yepson, Roger. *Apples* (New York: W. W. Norton, 1994).

關於戴歐尼索斯和阿波羅這兩個在後續章節也會出現的意象，我主要仰賴尼采的著作《悲劇的誕生》和Camille Paglia的《Sexual Personae》(New Haven: Yale University Press, 1990)，對於想要思索自然或以此為題材寫作的人來說，Paglia的這本書充滿了精闢見解可供參考。以下書籍也對戴歐尼索斯的概念頗有助益：

1951).

Dodds, E. R. *The Greeks and the Irrational* (Berkeley: University of California Press,

Frazer, Sir James. *The New Golden Bough* (New York: New American Library, 1959). Harrison, Jane. *Prolegomena to the Study of Greek Religion* (Cambridge, Mass.: Harvard University Press, 1922).

Kerenyi, Carl. *Dionysus: Archetypal Image of Indestructible Life,* trans. by Ralph Manheim (Princeton: Princeton University Press, 1976).

Otto, Walter F. *Dionysus: Myth and Cult,* trans. by Robert B. Palmer (Bloomington: Indiana University Press, 1965).

Tom Vorbeck、麻州 West County Cider 的Terry與Judith Maloney，以及紐約日內瓦美國農業部實驗站的Phil Forsline、Herb Aldwinckle與Susan Brown。

以下幾本關於蘋果、甜味與環境史的書籍也提供了極大幫助：

Beach, S. A. *The Apples of New York* (Albany: J. B. Lyon Company, 1905).

Browning, Frank. *Apples* (New York: North Point Press, 1998). Browning是個記者，擁有一片果園，他前往哈薩克參訪了阿馬克．詹加列夫的蘋果多樣化中心。

Carlson, R. F., et al. *North American Apples: Varieties, Rootstocks, Outlook* (East Lansing: Michigan State University Press, 1970).

Childers, Norman F. *Modern Fruit Science* (New Brunswick, N.J.: Rutgers University Press, 1975).

Crosby, Alfred. *Ecological Imperialism: The Biological Expansion of Europe, 900– 1900* (Cambridge, England: Cambridge University Press, 1986). 這位傑出的環境史學家寫的是哥倫布發現新大陸之後新舊世界的物種交流。

——. *Germs, Seeds & Animals: Studies in Ecological History* (Armonk, N.Y.: M. E. Sharpe, 1994).

Haughton, Claire Shaver. *Green Immigrants: The Plants That Transformed America* (New York: Harcourt Brace Jovanovich, 1978).

Marranca, Bonnie, ed. *American Garden Writing* (New York: PAJ Publications, 1988).

Martin, Alice A. *All About Apples* (Boston: Houghton Mifflin, 1976). Mintz, Sidney W. *Sweetness and Power* (New York: Penguin Books, 1986).

第一章　蘋果

雖然威廉・埃勒里・瓊斯大概不會認同我回家之後怎麼寫作描繪他的英雄，但他仍是所有人要遊覽強尼蘋果籽之鄉時都夢寐以求的好導遊，他為人慷慨、博學多聞且十分友善，還介紹我認識以下幾位住在俄亥俄州和印第安納州的人士，協助我拼湊出查普曼那難以捉摸的故事：韋恩堡艾倫郡公共圖書館（Allen County Public Library in Fort Wayne）的Steven Fortriede、帶我參觀德克斯特市查普曼家族墓園的Myrtle Ake，以及來自俄亥俄農業研究與發展中心的果樹學家David Ferre。

有關約翰・查普曼的文學與歷史紀錄極為稀少。最不可或缺的查普曼生平資料，仍是羅伯特・卜萊斯於1954年出版的傳記《Johnny Appleseed: Man and Myth》(Gloucester, Mass.: Peter Smith, 1967)。同樣重要的還有1871年《Harper's New Monthly Magazine》第43期第6至11頁中對查普曼生平的報導。我非常感謝Edward Hoagland在《American Heritage》發表的精采人物專題〈Mushpan Man〉，該文也收錄於Hoagland的散文集《Heart's Desire》(New York: Summit Books, 1988)，這篇文章讓我了解查普曼是個值得認真看待的歷史人物。至於較接近當代的查普曼事蹟紀錄，我強烈推薦由威廉・埃勒里・瓊斯編輯的歷史文獻選集《Johnny Appleseed: A Voice in the Wilderness》(West Chester, Pa.: Chrysalis Books, 2000)。韋恩堡當地報紙《Sentinel》1845年3月22日刊登的查普曼訃聞，以及Steven Fortriede於1978年在《Old Fort News》第41卷第3期發表的〈Johnny Appleseed: The Man Behind the Myth〉也都值得一讀。

在蘋果的植物學、文化與歷史方面，我從以下幾位訪談對象獲益良多：前康乃狄克州Ellsworth Hill Orchard果園的Bill Vitalis、密蘇里州Stark Brothers Nurseries的Clay Stark與Walter Logan、伊利諾州 AppleSource 的

283–91. 這篇論文把馴化放入演化的框架中，論述自然界中「適者」的特質在新石器時代徹底改變了。

Diamond, Jared. *Guns, Germs, and Steel: The Fates of Human Societies* (New York: W. W. Norton, 1997). Excellent on the history and botany of domestication, why some species participate and others do not.

Eiseley, Loren. *The Immense Journey* (New York: Vintage Books, 1959). As much myth as science, this book manages to dramatize the rise of the angiosperms.

Nabhan, Gary Paul. *Enduring Seeds: Native American Agriculture and Wild Plant Conservation* (San Francisco: North Point Press, 1989).

關於演化與天擇這個廣泛主題：

Darwin, Charles. *The Origin of Species,* edited by J. W. Burrow (London: Penguin Books, 1968).

Dawkins, Richard. *The Selfish Gene* (New York: Oxford University Press, 1976).

Dennett, Daniel C. *Darwin's Dangerous Idea: Evolution and the Meanings of Life* (New York: Simon & Schuster, 1995).

Goodwin, Brian. *How the Leopard Changed Its Spots: The Evolution of Complexity* (New York: Charles Scribner's Sons, 1994).

Jones, Steve. *Darwin's Ghost: The Origin of Species Updated* (New York: Random House, 1999).

Ridley, Matt. *The Red Queen: Sex and the Evolution of Human Nature* (New York: Penguin Books, 1993).

Wilson, E. O. *The Diversity of Life* (New York: W. W. Norton, 1992).

資料來源

以下逐章列舉的內容，是本書中引用的主要書目、提供事實資料，或啟發我思考的作品一覽。

前言：人形熊蜂

比起任一本書籍，大衛．艾登堡在1995年拍攝的公共電視紀錄片影集《植物的世界》（*The Private Life of Plants*）更讓我大開眼界，讓我從植物的角度看待大自然和人類世界。這部影集傑出的縮時攝影立刻就能讓觀眾了解，我們將植物視為被動物體的想法其實是想像力失能造成的誤解，起因是植物實際上存在於截然不同的維度。

關於馴化的歷史和植物與人的關係，我發現以下書籍特別有啟發性：

Anderson, Edgar. *Plants, Man and Life* (Berkeley: University of California Press, 1952). A classic on the origins of agriculture.

Balick, Michael J., and Paul Alan Cox. *Plants, People and Culture: The Science of Ethnobotany* (New York: Scientific American Library, 1996).

Bronowski, J. *The Ascent of Man* (Boston: Little, Brown, 1973).

Budiansky, Stephen. *The Covenant of the Wild: Why Animals Chose Domestication* (New York: William Morrow, 1992).

Coppinger, Raymond P., and Charles Kay Smith. "The Domestication of Evolution," *Environmental Conservation,* vol. 10, no. 4, Winter 1983, pp.

欲望植物園/麥可・波倫(Michael Pollan)著；周沛郁, 潘勛譯. -- 初版. -- 新北市：大家出版, 遠足文化事業股份有限公司, 2025.06
面；　公分. -- (Common ; 85)
譯自：The botany of desire : a plant's-eye view of the world
ISBN 978-626-7561-56-0 (平裝)

1.CST: 植物 2.CST: 經濟植物學

374　　114006383

common 85

欲望植物園

The Botany of Desire: A Plant's-Eye View of the World

作者・麥可・波倫（Michael Pollan）｜譯者・周沛郁（前言至第二章）、潘勛（第三章至尾聲）、楊霽怜（謝詞、引用出處）｜封面設計・廖韡｜內頁排版・謝青秀｜校對・魏秋綢｜責任編輯・楊琇茹｜行銷企畫・洪靖宜｜總編輯・賴淑玲｜出版者・大家出版／遠足文化事業股份有限公司｜發行・遠足文化事業股份有限公司（讀書共和國出版集團）231新北市新店區民權路108-2號9樓　電話・(02)2218-1417 傳真・(02)8667-1851 劃撥帳號・19504465　戶名・遠足文化事業股份有限公司｜法律顧問・華洋法律事務所蘇文生律師｜定價・480元｜ISBN・978-626-7561-56-0・978-626-7561-54-6 (EPUB)・978-626-7561-55-3(PDF)｜初版一刷・2025年6月｜第三章至尾聲譯文，由時報文化出版企業股份有限公司授權｜有著作權・侵犯必究｜本書如有缺頁、破損、裝訂錯誤，請寄回更換｜本書僅代表作者言論，不代表本公司／出版集團之立場與意見